Karin Breidenbach

Jahresabschluss kompakt

Karin Breidenbach

Jahresabschluss kompakt

3., vollständig überarbeitete und aktualisierte Auflage

DE GRUYTER
OLDENBOURG

ISBN 978-3-486-76371-3
e-ISBN (PDF) 978-3-11-037631-9
e-ISBN (EPUB) 978-3-11-039791-8

Library of Congress Cataloging-in-Publication Data
A CIP catalog record for this book has been applied for at the Library of Congress.

Bibliografische Information der Deutschen Nationalbibliothek
Die Deutsche Nationalbibliothek verzeichnet diese Publikation in der Deutschen Nationalbibliografie; detaillierte bibliografische Daten sind im Internet über http://dnb.dnb.de abrufbar.

Einbandabbildung: Pavel Khorenyan/iStock
Druck und Bindung: CPI books, GmbH, Leck
♾ Gedruckt auf säurefreiem Papier
Printed in Germany

MIX
Papier aus verantwortungsvollen Quellen
FSC
www.fsc.org
FSC® C003147

www.degruyter.com

Vorwort zur 3. Auflage

Für die vorliegende 3. Auflage wurde das gesamte Lehrbuch wieder vollständig durchgesehen, rechtlich auf den neuen Stand gebracht und didaktisch weiter verbessert. Rechtliche Neuerungen ergaben sich in den letzten Jahren handelsrechtlich z. B. durch das Kleinstkapitalgesellschaften-Bilanzrechtsänderungsgesetz (MicroBilG) und steuerrechtlich durch die Einkommensteuer-Änderungs-Richtlinie 2012. Weitere Änderungen sind durch die Umsetzung der Richtlinie 2013/34/EU, die die 4. und die 7. EG-Richtlinie ersetzen soll, zu erwarten. Der diesbezügliche Referentenentwurf des BMJV für ein Bilanzrichtlinie-Umsetzungsgesetz (BilRUG) wurde Ende Juli 2014 veröffentlicht. Unter anderem soll die Abschreibung von immateriellen Vermögensgegenständen für den Fall geregelt werden, dass die voraussichtliche Nutzungsdauer nicht bestimmbar ist, die Grenzen für die Größenbestimmung von Kapitalgesellschaften sollen erhöht werden und die Definition der Umsatzerlöse wird erweitert. Ein Großteil der geplanten Bestimmungen betrifft den Anhang. Auf wesentliche zu erwartende Änderungen wurde in der vorliegenden Auflage an den relevanten Stellen eingegangen.

Meiner studentischen Mitarbeiterin, Frau Svenja Hangmann, danke ich sehr für zahlreiche Hinweise zur Verbesserung des Buches. Darüber hinaus danke ich den Studierenden des Fachbereichs Wirtschaft der Fachhochschule Dortmund für viele Anregungen. Auch in Zukunft freue ich mich sehr über konstruktive Kritik.

Essen, August 2014 Karin Breidenbach

Vorwort zur 2. Auflage

Am 26. März 2009 hat der Deutsche Bundestag das Bilanzrechtsmodernisierungsgesetz (BilMoG) verabschiedet, am 3. April hat der Deutsche Bundesrat dem Gesetz zugestimmt. Ziel des Gesetzes ist eine grundlegende Reform des deutschen Bilanzrechts, die die Unterschiede zwischen einer Rechnungslegung nach dem Handelsgesetzbuch (HGB) und nach internationalen Rechnungslegungsstandards (International Financial Reporting Standards, IFRS) verringern soll. Dadurch soll das HGB für deutsche Unternehmen eine echte Alternative zur Anwendung der IFRS darstellen und seine Bedeutung für die Rechnungslegung in Deutschland behalten.

Durch das BilMoG wurden wesentliche Ansatz- und Bewertungsvorschriften des HGB geändert. So besteht nun für selbsterstellte immaterielle Vermögensgegenstände des Anlagevermögens ein Ansatzwahlrecht, die Bilanzierungshilfen wurden abgeschafft, der erworbene Firmenwert wurde zum Vermögensgegenstand erklärt, die Herstellungskostendefinition des HGB wurde der entsprechenden Definition aus dem Steuerrecht angenähert, Abschreibungswahlrechte wurden gestrichen und der Bewertungsmaßstab „Beizulegender Zeitwert", der international eine große Rolle spielt, wurde in das HGB eingeführt. Die Konzeption der Ermittlung der latenten Steuern wurde geändert. Ein wesentlicher Schritt ist auch die Abschaffung der umgekehrten Maßgeblichkeit. Insgesamt wird durch die Gesetzesreform die Informationsfunktion des Jahresabschlusses gestärkt und dementsprechend die Bedeutung einzelner Grundsätze ordnungsmäßiger Buchführung (GoB) verändert.

Das vorliegende Lehrbuch wurde auf Basis der Änderungen der Rechnungslegung nach dem HGB durch das BilMoG grundlegend überarbeitet. Schwerpunkt ist weiterhin die Rechnungslegung für den Einzelabschluss nach HGB. Auch der konzeptionelle Aufbau des Buches ist unverändert.

Allen Leserinnen und Lesern der 1. Auflage, insbesondere den Studierenden des Fachbereichs Wirtschaft an der Fachhochschule Dortmund, die durch ihre Hinweise zur Verbesserung des Buches beigetragen haben, danke ich an dieser Stelle sehr herzlich. Über weitere Vorschläge würde ich mich auch in Zukunft sehr freuen.

Essen, Mai 2009 Karin Breidenbach

Vorwort zur 1. Auflage

Im Zusammenhang mit der Rechnungslegung stellen sich überall auf der Welt dieselben oder ähnliche Fragen, z. B.: Was ist ein Vermögensgegenstand und unter welchen Bedingungen ist er in die Bilanz eines Unternehmens aufzunehmen? Im Laufe der Zeit wurden zu diesen Fragen unterschiedliche Antworten gefunden, so dass sich weltweit unterschiedliche Rechnungslegungsnormen entwickelten.

Das vorliegende Buch befasst sich schwerpunktmäßig mit den Fragen der Rechnungslegung, die den handelsrechtlichen Einzelabschluss betreffen, und mit den Antworten, die in Deutschland hierfür gefunden wurden, also mit der Rechnungslegung nach dem Handelsgesetzbuch (HGB). Aufgrund der Verzahnung der Handelsbilanz mit der Steuerbilanz durch das Maßgeblichkeitsprinzip wird auch auf die deutsche Steuerbilanz eingegangen. Nicht angesprochen werden Fragen, die speziell den Konzernabschluss betreffen.

Die Ausführungen werden durch die Fragen zur Rechnungslegung unterteilt, die beantwortet werden sollen. Ziel des Buches ist, in Grundzügen anschauliche Antworten auf diese Fragen zu geben. Dabei steht die Rechnungslegung der Kapitalgesellschaften im Vordergrund. Voraussetzung für das Verständnis sind Grundkenntnisse in Buchhaltung und in den Grundlagen des Rechnungswesens.

Bei Redaktionsschluss war das geplante Bilanzrechtsreformgesetz noch nicht verabschiedet. Auf die wesentlichen - für den Einzelabschluss relevanten – im Regierungsentwurf vom April 2004 vorgesehenen Änderungen wird im Text hingewiesen.

Auch wenn für die Konzernrechnungslegung internationale Rechnungslegungsnormen immer mehr an Bedeutung gewinnen, wird die hier dargestellte Rechnungslegung nach HGB für den Einzelabschluss auf absehbare Zeit relevant bleiben. Sie bleibt damit – nach Auffassung der Autorin - die Grundlage der Ausbildung im Rechnungswesen an den Hochschulen und in der Praxis.

Frau Simone Schroeter und Herr Dominic Siegert leisteten wertvolle Unterstützung bei der DV-technischen Umsetzung der Abbildungen. Herr Siegert hat darüber hinaus das Manuskript auf Mängel aus der Sicht eines Studierenden überprüft. Beiden danke ich für ihre Hilfe. Herr WP / StB / CPA Christoph Sieglen hat das Manuskript trotz starker beruflicher Belastung durchgesehen und mir wertvolle Hinweise gegeben. Auch ihm gilt mein herzlicher Dank. Mein schärfster Kritiker war wieder einmal Herr Dr. Michael Währisch, dem ich für seine engagierte Durchsicht des Manuskripts, seine stete Diskussionsbereitschaft und zahlreiche konstruktive Vorschläge sehr danke.

Essen, Mai 2004 Karin Breidenbach

Inhalt

Abkürzungsverzeichnis

Abs.	Absatz
ADS	Adler/Düring/Schmaltz
AG	Aktiengesellschaft
AHK	Anschaffungs- oder Herstellungskosten
AktG	Aktiengesetz
Anm.	Anmerkung
Art.	Artikel
BilMoG	Bilanzrechtsmodernisierungsgesetz
BilRUG	Bilanzrichtlinie-Umsetzungsgesetz
BMJ	Bundesministerium der Justiz
BMJV	Bundesministerium der Justiz und für Verbraucherschutz
Bsp.	Beispiel
bspw.	beispielsweise
bzw.	beziehungsweise
EGHGB	Einführungsgesetz zum Handelsgesetzbuch
einschl.	einschließlich
EStG	Einkommensteuergesetz
EStÄR	Einkommensteuer-Änderungs-Richtlinie
EStR	Einkommensteuer-Richtlinie
EU	Europäische Union
f.	folgende [Seite]
ff.	folgende [Seiten]
Fifo	First in, first out
gem.	gemäß
GenG	Gesetz betreffend die Erwerbs- und Wirtschaftsgenossenschaften (Genossenschaftsgesetz)
ggf.	gegebenenfalls
GJ	Geschäftsjahr
GmbH	Gesellschaft mit beschränkter Haftung
GmbHG	Gesetz betreffend die GmbH
GoB	Grundsätze ordnungsmäßiger Buchführung
GuV	Gewinn- und Verlustrechnung
HGB	Handelsgesetzbuch
HFA	Hauptfachausschuss des Instituts der Wirtschaftsprüfer in Deutschland e.V.
Hs.	Halbsatz
IASB	International Accounting Standards Board
IDW	Institut der Wirtschaftsprüfer
i.d.R.	in der Regel
IFRS	International Financial Reporting Standards
i.V.m.	in Verbindung mit
KG	Kommanditgesellschaft
kg	Kilogramm
KGaA	Kommanditgesellschaft auf Aktien
Lifo	Last in, first out

MicroBilG	Kleinstkapitalgesellschaften-Bilanzrechtsänderungsgesetz
m.w.N.	mit weiteren Nachweisen
Nr.	Nummer
OHG	offene Handelsgesellschaft
PublG	Gesetz über die Rechnungslegung von bestimmten Unternehmen und Konzernen (Publizitätsgesetz)
R.	Richtlinie
Rn.	Randnummer
RND	Restnutzungsdauer
RS	Rechnungslegungsstandard
Rz.	Randziffer
s.	siehe
S.	Seite
s. o.	siehe oben
St.	Stück
Tz.	Textziffer
USt	Umsatzsteuer
Vgl.	vergleiche
WpÜG	Wertpapiererwerbs- und Übernahmegesetz
z. B.	zum Beispiel
z. T.	zum Teil

1 Grundlagen

1.1 Definition und Bestandteile des Jahresabschlusses

Frage: Was ist ein Jahresabschluss?

Bis auf wenige Ausnahmen (s. hierzu Abschnitt 1.5) ist jeder Kaufmann gesetzlich verpflichtet, am Ende jedes Geschäftsjahres für sein Unternehmen die Bücher abzuschließen („Bilanz ziehen") und einen Jahresabschluss aufzustellen (§ 242 HGB). Der Jahresabschluss besteht mindestens aus einer Bilanz und einer Gewinn- und Verlustrechnung (GuV).
In einer **Bilanz** werden das Vermögen (Aktiva) des Unternehmens und das Kapital (Eigen- und Fremdkapital; Passiva), mit dem das Vermögen finanziert wird, einander gegenübergestellt.
In der **Gewinn- und Verlustrechnung** wird aus den Erträgen und den Aufwendungen des betrachteten Geschäftsjahres der Jahresüberschuss (bzw. der Jahresfehlbetrag), also der Gewinn (bzw. der Verlust) des Unternehmens, ermittelt. Hierzu ein stark vereinfachtes Beispiel:

Beispiel

Ein Unternehmen hat zu Beginn der Periode 00 eine Maschine im Wert von 100.000 €, Materialien zur Produktion im Wert von 10.000 € und ein Guthaben bei seiner Bank in Höhe von 20.000 €. Das ist sein Vermögen. Zur Finanzierung hat der Eigentümer des Unternehmens 50.000 € eingezahlt (Eigenkapital) und das Unternehmen hat bei der Bank ein Darlehen in Höhe von 80.000 € aufgenommen. Die Bilanz zu Beginn der Periode sieht wie folgt aus:

Aktiva	Bilanz zum 1.1.00 (in €)		Passiva
Maschinen	100.000	Eigenkapital	50.000
Vorräte	10.000	Fremdkapital	80.000
Bankguthaben	20.000		
	130.000		130.000

In der Periode 00

- verliert die Maschine durch die Nutzung um 20.000 € an Wert,
- kauft das Unternehmen Materialien für 50.000 €, die es per Banküberweisung bezahlt; es verbraucht in der Periode nur 90 % der beschafften Materialien,
- verkauft das Unternehmen sämtliche produzierten Güter für 300.000 €; die Kunden überweisen den Betrag auf das Bankkonto,
- überweist das Unternehmen Miete für die Produktions- und Lagerhalle und für die Büroräume in Höhe von 90.000 € und Löhne / Gehälter in Höhe von 120.000 € vom Bankkonto,
- zahlt das Unternehmen 10.000 € von dem Darlehen zurück.

Die Bilanz am Ende der Periode 00 sieht dann wie folgt aus:

Aktiva	Bilanz zum 31.12.00 (in €)		Passiva
Maschinen	80.000	Eigenkapital	50.000
	(100.000 – 20.000)	**Gewinn (Saldo)**	**25.000**
Vorräte	15.000	Fremdkapital	70.000
	(10.000 +5.000)		(80.000-10.000)
Bankguthaben	50.000		
(20.000–50.000+300.000-90.000-120.000-10.000)			
	145.000		145.000

Das Eigenkapital ergibt sich als Saldo aus dem Vermögen auf der Aktivseite der Bilanz und dem Fremdkapital auf der Passivseite. Die Veränderung gegenüber dem Betrag zu Beginn der Periode ist (sofern der Eigentümer kein Kapital zugeführt oder entnommen hat) der Gewinn. In der GuV sieht man, aus welchen Aufwendungen und Erträgen sich der Gewinn zusammensetzt:

Soll	GuV für die Periode 00 (in €)		Haben
Wertminderung Maschinen	20.000	Produktverkäufe	300.000
Verbrauch Materialien	45.000		
Miete	90.000		
Löhne / Gehälter	120.000		
Gewinn (Saldo)	25.000		
	300.000		300.000

Gem. § 264 Abs. 1 S. 1 HGB bzw. § 336 Abs. 1 S. 1 HGB enthält der Jahresabschluss von

- Kapitalgesellschaften (z. B. Aktiengesellschaft, Gesellschaft mit beschränkter Haftung),
- besonderen Personenhandelsgesellschaften (Personenhandelsgesellschaften, bei denen kein Vollhafter entweder eine natürliche Person oder eine andere Personenhandelsgesellschaft mit einer natürlichen Person als Vollhafter ist, z. B. GmbH & Co. KG) und
- Genossenschaften

als weiteren Bestandteil einen **Anhang** mit zusätzlichen Angaben, Erläuterungen und Detaillierungen zu den Positionen von Bilanz und GuV (s. hierzu ausführlicher Abschnitt 4).

Der Jahresabschluss von kapitalmarktorientierten Kapitalgesellschaften, die nicht zur Aufstellung eines Konzernabschlusses verpflichtet sind, enthält gem. § 264 Abs. 1 Satz 2 HGB ferner eine Kapitalflussrechnung und einen Eigenkapitalspiegel. Kapitalmarktorientiert ist eine Kapitalgesellschaft gem. § 264d HGB, wenn sie einen organisierten Markt im Sinn des § 2 Abs. 5 WpHG durch die Ausgabe von Wertpapieren im Sinn des § 2 Abs. 1 Satz 1 WpHG (z. B. Aktien oder Schuldverschreibungen) in Anspruch nimmt bzw. wenn sie die Zulassung entsprechender Wertpapiere an einem organisierten Markt beantragt hat.

Eine **Kapitalflussrechnung** stellt die Zahlungsströme eines Unternehmens in der betrachteten Periode dar und zeigt damit, aus welchen Ein- und Auszahlungen die Änderung der liquiden Mittel resultiert. Für eine Kapitalflussrechnung gibt es viele Darstellungsmöglichkeiten. Für das obige Beispiel könnte sie z. B. so aussehen:

Kapitalflussrechnung für die Periode 00:

Einzahlungen aus Produktverkäufen	300.000 €
- Auszahlungen für Materialien	- 50.000 €
- Auszahlungen für Löhne / Gehälter	- 120.000 €
- Auszahlungen für Miete	- 90.000 €
- Darlehenstilgung	- 10.000 €
= Änderung der liquiden Mittel	30.000 €
+ Anfangsbestand der liquiden Mittel	20.000 €
= Endbestand der liquiden Mittel	50.000 €

Der **Eigenkapitalspiegel** verdeutlicht, wie sich die verschiedenen Bestandteile des Eigenkapitals (s. Abschnitt 2.7) während der betrachteten Periode verändert haben. In obigem Beispiel besteht die einzige Eigenkapitalveränderung in dem Gewinn von 25.000 €.

Gem. § 264 Abs. 1 Satz 2 HGB können kapitalmarktorientierte Kapitalgesellschaften, die nicht zur Aufstellung eines Konzernabschlusses verpflichtet sind, eine Segmentberichterstattung als Teil des Jahresabschlusses erstellen. In einer **Segmentberichterstattung** werden wesentliche Größen, wie z. B. das Vermögen und das Ergebnis des Gesamtunternehmens, auf wesentliche Teilbereiche, die Segmente, aufgeteilt. Dadurch wird ersichtlich, welche Bedeutung die einzelnen Segmente für die wirtschaftliche Lage des Gesamtunternehmens besitzen.

Zusätzlich zum Jahresabschluss müssen große und mittlere Kapitalgesellschaften und besondere Personengesellschaften sowie Genossenschaften gem. § 264 Abs. 1 S. 1 HGB bzw. § 336 Abs. 1 S. 1 HGB einen **Lagebericht** aufstellen, der insbesondere eine verbale Beschreibung des Geschäftsverlaufs und der Lage des Unternehmens umfasst (s. hierzu ausführlicher Abschnitt 4).

Abb. 1.1 stellt die Bestandteile des Jahresabschlusses für die verschiedenen Rechtsformen noch einmal im Überblick dar.

Einzelkaufleute und Personengesellschaften	**Kapitalgesellschaften, besondere Personengesellschaften und Genossenschaften**	**Kapitalmarktorientierte Kapitalgesellschaften, die keinen Konzernabschluss aufstellen müssen**
Bilanz	Bilanz	Bilanz
Gewinn- und Verlustrechnung	Gewinn- und Verlustrechnung	Gewinn- und Verlustrechnung
	Anhang	Anhang
		Kapitalflussrechnung
		Eigenkapitalspiegel
		Segmentberichterstattung (Wahlrecht)

Abb. 1.1: Die Bestandteile des Jahresabschlusses

1.2 Die Stellung des Jahresabschlusses innerhalb des betrieblichen Rechnungswesens

Frage: Welcher Unternehmensbereich ist für die Erstellung eines Jahresabschlusses zuständig?

Das **betriebliche Rechnungswesen** dient der Abbildung wirtschaftlicher Sachverhalte in einzelnen Betrieben oder Zusammenschlüssen von Betrieben zu einem Zeitpunkt oder innerhalb eines Zeitraums (vgl. Busse von Colbe 2011, S. 652).

Man unterscheidet das Interne Rechnungswesen und das Externe Rechnungswesen. Die im **Internen Rechnungswesen** generierten Daten dienen der Steuerung von Liquidität und Rentabilität eines Unternehmens. Ihre Erfassung und Verarbeitung ist in der Regel nicht reglementiert. Die im **Externen Rechnungswesen** erfassten Informationen dienen der Unterrichtung unternehmensexterner Adressaten. Das Externe Rechnungswesen unterliegt daher gesetzlichen Vorschriften. Der handels- und der steuerrechtliche Jahresabschluss werden zumeist im Externen Rechnungswesen auf Basis der in der Finanzbuchhaltung erfassten Daten erstellt. Abb. 1.2 zeigt die Stellung des Jahresabschlusses innerhalb des Externen Rechnungswesens einer Unternehmung.

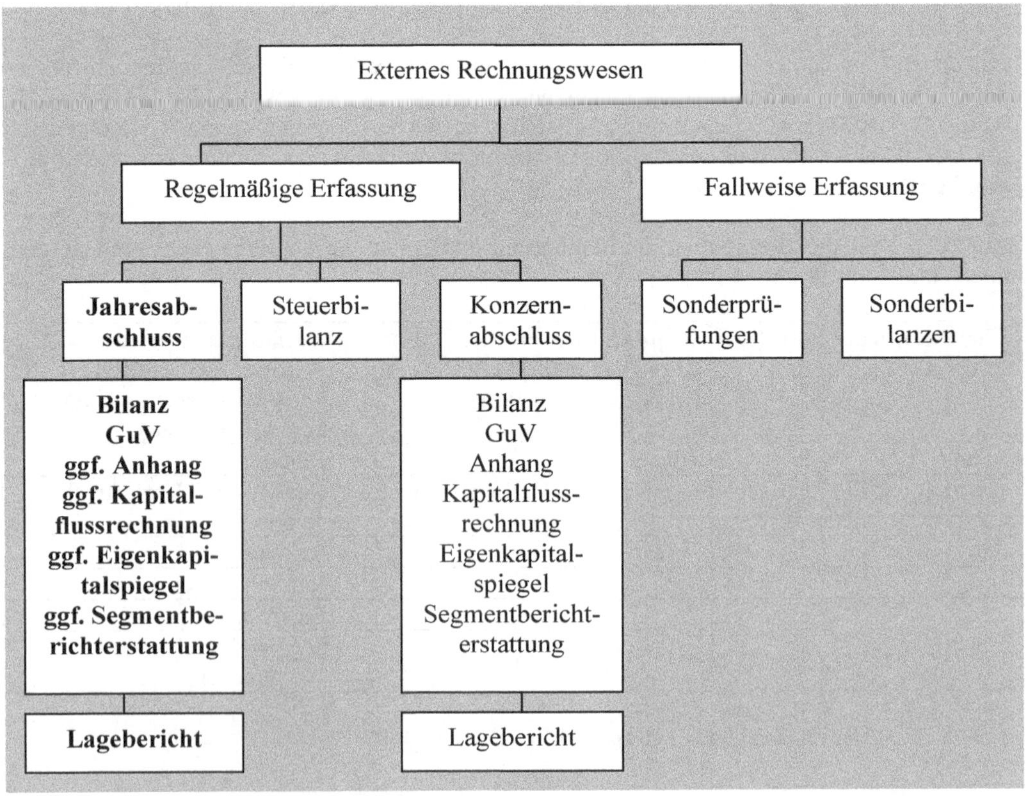

Abb. 1.2: Die Stellung des Jahresabschlusses innerhalb des Externen Rechnungswesens (in Anlehnung an Busse von Colbe 2011, S. 653)

Der Jahresabschluss, die Steuerbilanz und der konsolidierte Jahresabschluss mehrerer rechtlich selbständiger Unternehmen, die eine wirtschaftliche Einheit bilden (Konzernabschluss), sind regelmäßig, mindestens einmal jährlich zu erstellen. In besonderen Situationen, wie z. B. im Falle einer Insolvenz, sind Sonderbilanzen, z. B. eine Insolvenzbilanz, zu erstellen, die zum Teil auf Basis von Rechnungslegungsregeln erstellt werden, die von den handelsrechtlichen Normen abweichen. Sonderprüfungen werden bei besonderen Anlässen, z. B. bei Kapitalerhöhungen aus Gesellschaftsmitteln oder im Falle einer Verschmelzung, durchgeführt.

1.3 Funktionen des Jahresabschlusses

Frage: Welchen Zwecken soll ein Jahresabschluss dienen?

Dem Jahresabschluss werden in der Regel folgende Funktionen zugeschrieben:

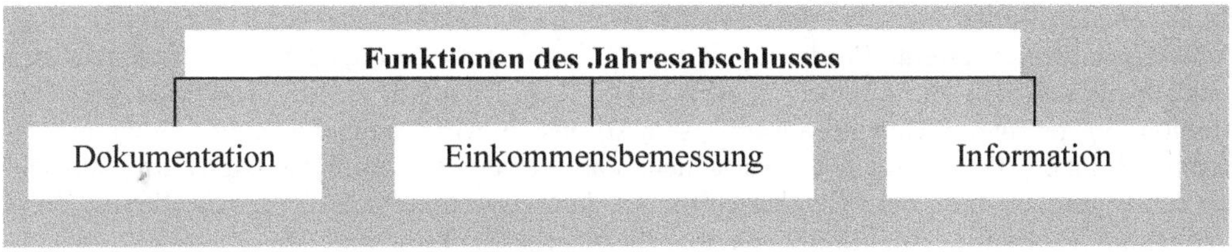

Abb. 1.3: Die Funktionen des Jahresabschlusses

- **Dokumentationsfunktion:** Durch die Abbildung der in der Berichtsperiode entstandenen und verbrauchten Werte sowie des Bestandes an Vermögensgegenständen und Schulden wird das Unternehmensgeschehen dokumentiert. Dies dient z. B. dem Nachweis einer ordnungsgemäßen Geschäftsführung.

- **Einkommensbemessungsfunktion:** Im Rahmen des Jahresabschlusses wird das Periodeneinkommen des Unternehmens, der Gewinn, ermittelt. Dieser Gewinn dient zum einen als Basis für die Bemessung der Ertragsteuern des Unternehmens, zum anderen für die Verteilung des Überschusses an die Eigentümer. Zuweilen werden auch Erfolgsbeteiligungen der Mitarbeiter anhand des Periodengewinns bemessen.

  - **Bemessung der Ertragsteuern:** Gemäß § 5 Abs. 1 Satz 1 EStG ist der nach handelsrechtlichen Vorschriften erstellte Jahresabschluss die Grundlage für die Steuerbilanz eines Unternehmens. Die Handelsbilanz ist damit Basis für die Steuerbilanz (**Maßgeblichkeitsprinzip**). Zum Teil schreiben allerdings steuerrechtliche Vorschriften zwingend etwas anderes als das Handelsrecht vor. Dann wird das Maßgeblichkeitsprinzip durchbrochen.
    Darüber hinaus erlauben steuerliche Wahlrechte z. T. ein Abweichen der Steuerbilanz von der Handelsbilanz. Wird ein steuerliches Wahlrecht so ausgeübt, dass sich der Wert eines Wirtschaftsgutes in der Steuerbilanz von dem in der Handelsbilanz unterscheidet, muss das betroffene Wirtschaftsgut gem. § 5 Abs. 1 Satz 2 und 3 EStG in ein Verzeichnis aufgenommen werden, in dem der Tag der Anschaffung oder Herstellung, die Anschaffungs- oder Herstellungskosten, die Vorschrift des ausgeübten Wahlrechts und die vorgenommenen Abschreibungen nachzuweisen sind.

  - **Gewinnverteilung an die Eigentümer des Unternehmens:** für jede Rechtsform bestehen gesetzliche Bestimmungen, wie der auf Basis der gesetzlichen Vorschriften ermittelte Periodengewinn zu verwenden bzw. auf die Eigentümer des Unternehmens aufzuteilen ist (§ 120 Abs. 1 HGB für die OHG, § 167 Abs. 1 HGB für die KG, § 58 AktG für die AG und die KGaA, § 29 Abs. 1 GmbHG für die GmbH, § 19 Abs. 1 GenG für die Genossenschaft).

- **Informationsfunktion:** Durch die Pflicht zur Buchführung (§ 238 Abs. 1 HGB) und zur Aufstellung eines Jahresabschlusses (§ 242 HGB) wird der Kaufmann zur **Selbstinformation** über die wirtschaftliche Lage seiner Unternehmung gezwungen. Darüber hinaus dient der Jahresabschluss der **Information Unternehmensexterner** über die wirtschaftliche Situation des Unternehmens. Kapitalgesellschaften sind gesetzlich verpflichtet, ihren Jahresabschluss zu veröffentlichen, so dass sich jeder über ihre wirtschaftliche Lage ein Bild machen kann. Zu den Adressaten des Jahresabschlusses zählen neben dem Kaufmann bzw. der Unternehmensleitung z. B. Anteilseigner, die nicht in der Geschäftsführung tätig sind, Gläubiger, Arbeitnehmer, Lieferanten, Kunden und die allgemeine Öffentlichkeit.

Zwischen den Funktionen des Jahresabschlusses bestehen teilweise Konflikte. Es ist z. B. zulässig, selbst hergestellte Produkte mit einem niedrigeren Wert als den bei ihrer Produktion entstandenen Kosten zu bewerten (s. Abschnitt 2.2.2). Dadurch wird in der Periode der Produktion ein geringerer Gewinn ausgewiesen, so dass die Eigentümer weniger Gewinne entnehmen können. Dies dient der finanziellen Stabilität des Unternehmens. Der im Jahresabschluss angesetzte Wert der Produkte entspricht dann jedoch nicht dem wirtschaftlichen Wert, so dass die Informationsfunktion des Jahresabschlusses beeinträchtigt ist.

Durch das Bilanzrechtsmodernisierungsgesetz (BilMoG) vom 27.3.2009 wurden die Vorschriften des HGB so geändert, dass die Informationsvermittlung durch den Jahresabschluss gegenüber der vorherigen Rechtslage verbessert wird. Wahlrechte wurden aufgehoben und selbst erstellte immaterielle Vermögenswerte des Anlagevermögens können nun aktiviert werden. Der Jahresabschluss soll jedoch weiterhin sowohl der Einkommensbemessung als auch der Informationsvermittlung dienen. Im Gegensatz dazu soll ein Abschluss nach internationalen Rechnungslegungsnormen (s. u.) ausschließlich über die wirtschaftliche Lage des Unternehmens informieren.

1.4 Rechtliche Grundlagen des handelsrechtlichen Jahresabschlusses

Frage: Welche rechtlichen Grundlagen müssen bei der Erstellung eines Jahresabschlusses berücksichtigt werden?

Der Jahresabschluss ist in Deutschland durch Gesetze, insbesondere durch das **Handelsgesetzbuch (HGB)** geregelt. Die Bestimmungen müssen in Einklang mit europäischen Regeln stehen.

Die Europäische Union (EU) erlässt zur Regulierung der Rechnungslegung vor allem Richtlinien und Verordnungen. Richtlinien müssen durch die Mitgliedstaaten in nationales Recht umgesetzt werden. Verordnungen gelten unmittelbar für jeden Bürger eines Mitgliedsstaates. Die aktuellen HGB-Vorschriften sind ursprünglich durch die 4. (Einzelabschluss), die 7. (Konzernabschluss) und die 8. (Abschlussprüfung) EG-Richtlinie geprägt.

Die internationale Entwicklung der Rechnungslegung spiegelt sich in der Fortentwicklung der europäischen Vorschriften wieder: Mittlerweile wurde die 8. EG-Richtlinie durch die Abschlussprüferrichtlinie vom 17. Mai 2006 reformiert. Die 4. und die 7. EG-Richtlinie wurden im Laufe der Jahre mehrmals geändert. Durch die Richtlinie 2013/34/EU vom 26.06.2013 wurden die Vorschriften zum Einzel- und zum Konzernabschluss nochmals überarbeitet und zusammengefasst. Die Richtlinie ersetzt die 4. und die 7. EG-Richtlinie. Sie ist bis zum 20.07.2015 in nationales Recht umzusetzen. Das BMJV hat Ende Juli 2014 den Referentenentwurf für ein Gesetz zur Umsetzung der Richtlinie in deutsches Recht (Bilanzrichtlinie-Umsetzungsgesetzt – BilRUG) veröffentlicht.

Aufgrund der Globalisierung der Wirtschaft, insbesondere der Kapitalmärkte, erscheint eine weltweite Harmonisierung der Rechnungslegung sinnvoll. Eine private internationale Organisation, der International Accounting Standards Board (IASB), entwickelt Rechnungslegungsstandards, die weltweit angewandt werden sollen. Die EU hat durch die sogenannte IAS-Verordnung die Anwendung der International Financial Reporting Standards (IFRS) für Konzernabschlüsse kapitalmarktorientierter Unternehmen mit Sitz in der EU vorgeschrieben und den Mitgliedstaaten freigestellt, die Anwendung der IFRS für die Konzernabschlüsse nicht kapitalmarktorientierter Unternehmen sowie für die Jahresabschlüsse der rechtlich selbständigen Unternehmen vorzuschreiben oder durch Wahlrechte zu ermöglichen.

In Deutschland haben alle Unternehmen, die einen Konzernabschluss erstellen müssen und nicht kapitalmarktorientiert sind, die Wahl, ihren Konzernabschluss nach HGB oder nach IFRS zu erstellen. Der Jahresabschluss der einzelnen Kaufleute bzw. Unternehmen muss weiterhin nach HGB aufgestellt werden. Wenn ein Unternehmen jedoch seinen Jahresabschluss veröffentlichen muss (s. Abschnitt 6), hat es die Wahl, den HGB-Abschluss oder einen zusätzlichen Abschluss nach IFRS zu publizieren.

Die EG-Richtlinien (s. o.) wurden im Laufe der Zeit so geändert, dass die Mitgliedstaaten ihre nationalen Rechnungslegungsvorschriften den IFRS angleichen können. Durch das Bilanzrechtsmodernisierungsgesetz wurde das HGB 2009 den internationalen Vorschriften teilweise angenähert. Es bestehen jedoch weiterhin Unterschiede.

Im Zuge der Internationalisierung der deutschen Rechnungslegung wurde 1998 das Deutsche Rechnungslegungs Standards Committee (DRSC) gegründet. Es

- entwickelt Empfehlungen zur Konzernrechnungslegung, die Deutschen Rechnungslegungsstandards (DRS),
- berät das Bundesministerium der Justiz (BMJ) bei Gesetzgebungsvorhaben zur Rechnungslegung,
- vertritt die Bundesrepublik Deutschland in internationalen Standardisierungsgremien und
- erarbeitet Interpretationen der IFRS.

Durch die Auslegung der geltenden Rechnungslegungsvorschriften im Rahmen der Abschlussprüfung und bei Rechtsstreitigkeiten beeinflussen auch die Abschlussprüfer und die (Finanz-)Gerichte die deutsche Rechnungslegung.

Abb. 1.4 zeigt im Überblick, welche Institutionen den Inhalt des handelsrechtlichen Jahresabschlusses bestimmen bzw. beeinflussen.

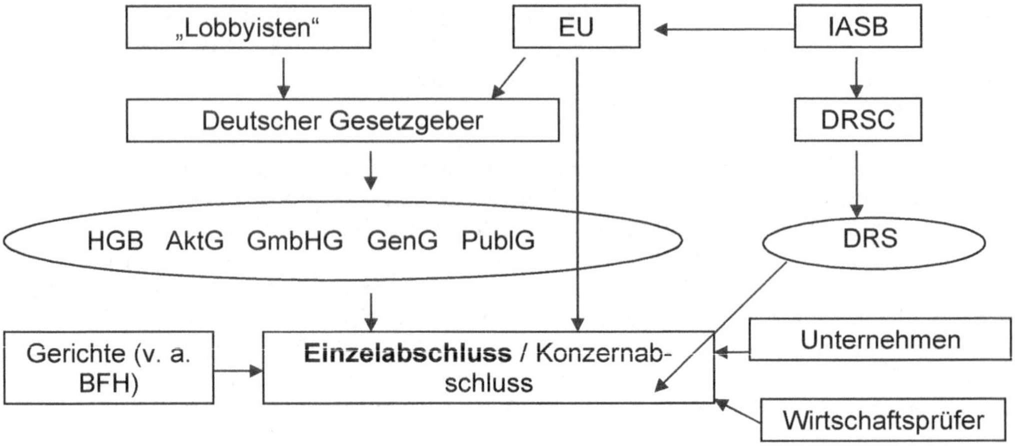

Abb. 1.4: Die Normierung der Rechnungslegung in Deutschland

1.4.1 Gesetzliche Vorschriften

Frage: Welche gesetzlichen Vorschriften müssen bei der Erstellung eines Jahresabschlusses beachtet werden?

Die meisten Gesetzesvorschriften zum handelsrechtlichen Jahresabschluss finden sich im **Dritten Buch des HGB**. Während der **erste Abschnitt** (§§ 238-263 HGB) die Vorschriften enthält, die **alle Kaufleute** beachten müssen, finden sich im **zweiten Abschnitt** (§§ 264-335 HGB) Bestimmungen, die nur von **Kapitalgesellschaften und bestimmten Personenhandelsgesellschaften gem. § 264 a HGB** eingehalten werden müssen. Dabei wird teilweise zwischen kleinsten, kleinen, mittelgroßen und großen Kapitalgesellschaften unterschieden. §§ 267, 267a HGB enthalten die Umschreibung der Größenklassen:

	Kleinstkapitalgesellschaften	Kleine Kapitalgesellschaften	Mittelgroße Kapitalgesellschaften	Große Kapitalgesellschaften
Bilanzsumme* (Mio. €)	≤ 0,35	> 0,35 ≤ 4,84	> 4,84 ≤ 19,25	> 19,25
Umsatzerlöse (Mio. €)	≤ 0,7	> 0,7 ≤ 9,68	> 9,68 ≤ 38,5	> 38,5
Arbeitnehmer (Jahresdurchschnitt)	≤ 10	> 10 ≤ 50	> 50 ≤ 250	> 250

* Summe aller Aktiv- bzw. Passivposten abzüglich eines auf der Aktivseite ausgewiesenen Fehlbetrages

Abb. 1.5: Größenklassen für Kapitalgesellschaften gem. §§ 267, 267a HGB

Die Zuordnung zu einer Größenklasse hängt von der Über- oder Unterschreitung von mindestens zwei der Merkmale an den Abschlussstichtagen von zwei aufeinanderfolgenden Geschäftsjahren ab. Eine kapitalmarktorientierte Kapitalgesellschaft i. S. d. § 264d HGB gilt gem. § 267 Abs. 3 Satz 2 HGB immer als groß. Die besonderen Regelungen für kleine Kapitalgesellschaften gelten auch für Kleinstkapitalgesellschaften, sofern für diese keine anderen Bestimmungen gelten (§ 267a Abs. 2 HGB).

Der Referentenentwurf zum BilRUG sieht eine Anhebung der Grenzen für die Umsatzerlöse bzw. für die Bilanzsumme von kleinen Kapitalgesellschaften auf 6 Mio. € bzw. 12 Mio. € vor. Die Grenzen für mittelgroße Kapitalgesellschaften sollen auf 20 Mio. € bzw. 40 Mio. € erhöht werden. Die Grenzwerte für die Arbeitnehmerzahl werden nicht geändert.

Neben der rechtsform- und der größenbezogenen Unterscheidung existiert zum Teil auch eine Differenzierung nach der Inanspruchnahme von Kapitalmärkten, so dass es einige gesonderte Vorschriften für kapitalmarktorientierte Kapitalgesellschaften gibt (s. hierzu bereits Abschnitt 1.1 im Hinblick auf die Bestandteile des Jahresabschlusses).

Die Spezialgesetze zu den verschiedenen Rechtsformen von Unternehmen (AktG, GmbHG, GenG) enthalten wenige, rechtsformspezifische Bestimmungen zum Jahresabschluss. Im Publizitätsgesetz (PublG) finden sich Vorschriften zur Rechnungslegung großer Einzelkaufleute, Personenhandelsgesellschaften und weiterer in § 3 Abs. 1 PublG definierter Rechtsformen, die mindestens zwei der folgenden Größenmerkmale an mindestens drei aufeinanderfolgenden Abschlussstichtagen erfüllen:

Bilanzsumme (Mio. €)	**Umsatzerlöse** (Mio. €)	**Arbeitnehmer** (Jahresdurchschnitt)
> 65	> 130	> 5.000

Abb. 1.6: Größenklassen für Großunternehmen gem. § 1 PublG

Gemäß § 5 Abs. 1 PublG müssen Unternehmen, die aufgrund ihrer Größe unter das Publizitätsgesetz fallen, bei der Aufstellung ihres Jahresabschlusses die strengeren Bestimmungen für Kapitalgesellschaften beachten. Das PublG verweist dabei auf die HGB-Vorschriften.

1.4.2 Die Grundsätze ordnungsmäßiger Buchführung

Frage: Was sind „Grundsätze ordnungsmäßiger Buchführung"?

Der Gesetzgeber schreibt vor, dass ein Kaufmann bzw. ein Unternehmen in seinen Büchern seine Vermögenslage nach den Grundsätzen ordnungsmäßiger Buchführung (GoB) darstellt bzw. den Jahresabschluss unter Beachtung der GoB erstellt (§§ 238 Abs. 1 Satz 1, 243 Abs. 1, 264 Abs. 2 Satz 1 HGB). Allerdings definiert er nicht, was die GoB sind. Es handelt sich um einen unbestimmten Rechtsbegriff.

Man versteht unter den GoB **allgemein anerkannte Regeln über das Führen von Handelsbüchern und die Erstellung des Jahresabschlusses** von Unternehmen. Die GoB dienen zum einen der Auslegung von Gesetzesvorschriften, zum anderen der Ausfüllung von Gesetzeslücken. Durch den Verweis auf die GoB hat der Gesetzgeber vermieden, jedes Rechnungslegungsproblem durch eine eigene Vorschrift regeln zu müssen, und hat die Weiterentwicklung der Rechnungslegung und ihre Anpassung an sich ändernde Rahmenbedingungen ermöglicht.

Frage: Wie werden „Grundsätze ordnungsmäßiger Buchführung" ermittelt?

Zwei traditionelle Methoden zur Ermittlung der GoB sind die induktive und die deduktive Methode. Werden GoB **induktiv** ermittelt, ergeben sie sich aus der Buchführungspraxis „ordentlicher und ehrenwerter Kaufleute". Dann stellt sich jedoch regelmäßig die Frage, wann eine Vorgehensweise in der Praxis dem Vorgehen ehrenwerter Kaufleute entspricht.
Deduktiv werden GoB aus den Funktionen des Jahresabschlusses abgeleitet. Je nachdem, welche Funktion zugrunde gelegt wird, kann diese Methode jedoch zu unterschiedlichen Ergebnissen führen (s. Abschnitt 1.3).

Bei Anwendung der **hermeneutischen** Methode werden die vorhandenen Gesetzesregelungen ausgelegt. Dabei werden folgende Kriterien zugrunde gelegt (vgl. Baetge / Kirsch / Thiele 2012, S. 109 f.; Kirsch, StuB 2008, S. 453 f.):

- Wortlaut und Wortsinn der gesetzlichen Vorschriften
- Bedeutungszusammenhang der gesetzlichen Vorschriften
- Entstehungsgeschichte der gesetzlichen Vorschriften und Ansichten des Gesetzgebers (z. B. Gesetzentwürfe, Gesetzesbegründungen)
- Ziel der Vorschriften
- Betriebswirtschaftliche Kriterien
- U. U. Konventionen
- Konformität mit höherrangigem Recht.

Zum Teil sind die GoB im HGB kodifiziert.

Frage: Was sind die wichtigsten Grundsätze ordnungsmäßiger Buchführung und was bedeuten sie?

Bilanzierung beschäftigt sich insbesondere mit den Fragen
- Was ist in den Jahresabschluss aufzunehmen (Ansatz)?
- Wie ist die Position zu bewerten (Bewertung)?
- Wie ist die Position im Jahresabschluss darzustellen (Ausweis)?

Die wichtigsten GoB geben auf diese Fragen grundlegende Antworten und bilden die **Basis für den Ansatz, die Bewertung und den Ausweis von Jahresabschlusspositionen**. Darüber hinaus sind einige GoB zu beachten, damit der Jahresabschluss seine Funktionen grundsätzlich erfüllen kann.

Die folgende Abbildung zeigt eine Übersicht der wichtigsten GoB:

Allgemeine Bilanzierungsprämissen

- **Periodisierungsgrundsatz**
  - Abgrenzungsgrundsätze
- **Grundsatz der Richtigkeit und der Willkürfreiheit**
- **Grundsatz der Vergleichbarkeit**
  - Stetigkeitsprinzip
- **Grundsatz der Wesentlichkeit**

Ansatz

Grundsatz der Vollständigkeit
- Stichtagsgrundsatz
- Grundsatz der Bilanzidentität

Bewertung

- **Going-Concern-Prinzip**
- **Grundsatz der Einzelbewertung**
- **Vorsichtsprinzip**
- **Realisationsprinzip**
  ⇒ Anschaffungswertprinzip
- **Imparitätsprinzip**
  ⇒ Niederstwert- und Höchstwertprinzip

Ausweis

- **Grundsatz der Klarheit und der Übersichtlichkeit**
- **Saldierungsverbot**
- **Grundsatz der Kongruenz**

Abb. 1.7: Übersicht über wesentliche Grundsätze ordnungsmäßiger Buchführung

Bei den **allgemeinen Bilanzierungsprämissen** handelt es sich um grundsätzliche Voraussetzungen dafür, dass ein Jahresabschluss seine Funktionen erfüllen kann:

- **Periodisierungsgrundsatz**: *Aufwendungen und Erträge sind unabhängig von dem Zahlungszeitpunkt zu berücksichtigen* (§ 252 Abs. 1 Nr. 5 HGB). Eine wesentliche Aufgabe des Jahresabschlusses ist die Ermittlung eines periodengerechten Gewinns. Der Gewinn entspricht dem Saldo aus Aufwendungen und Erträgen. Aufwendungen und Erträgen liegen in der Regel zu irgendeinem Zeitpunkt Zahlungen zugrunde. Durch den Periodisierungsgrundsatz bestimmt das HGB, dass für die Erfassung der Aufwendungen und der Erträge der Zahlungszeitpunkt irrelevant ist. Entscheidend ist, wann ein wirtschaftlicher Wert verbraucht wird (Aufwand) bzw. wann ein wirtschaftlicher Wert entsteht (Ertrag).

Die **Abgrenzungsgrundsätze** konkretisieren, wann Aufwendungen und Erträge zu erfassen sind:

- **Grundsatz der sachlichen Abgrenzung**: *Sofern Aufwendungen bestimmten Leistungen zugeordnet werden können, sind sie in der Periode zu erfassen, in der auch die mit den Leistungen im Zusammenhang stehenden Erträge realisiert werden.* Solange ein Ertrag noch nicht realisiert ist, sind Aufwendungen, die im Zusammenhang mit der Leistung entstanden sind, zu aktivieren. Daher werden noch nicht verkaufte Erzeugnisse mit ihren Herstellungskosten aktiviert und die mit der Herstellung verbundenen Aufwendungen durch eine Ertragsbuchung neutralisiert. Erst wenn die Güter verkauft werden, werden die Herstellungsaufwendungen durch eine entsprechende Buchung ergebniswirksam.
- **Grundsatz der zeitlichen Abgrenzung**: *Streng zeitraumbezogen anfallende Aufwendungen und Erträge* (z. B. Mieten, Zinsen) *sind zeitproportional zu erfassen.* Liegt in dem Zeitraum, auf den sich ein Aufwand oder ein Ertrag bezieht (z. B. ein Versicherungsbeitrag für den Zeitraum 1.7. – 30.6.), ein Bilanzstichtag, ist unabhängig vom Zahlungszeitpunkt (am Anfang oder am Ende des Zeitraums) der Aufwand bzw. der Ertrag zu erfassen, der in dem Zeitraum bis zum Bilanzstichtag (z. B. 1.7. – 31.12.) entstanden ist. Hierdurch entstehen in der Bilanz antizipative (es wurde noch keine Zahlung geleistet) bzw. transitorische (es wurde bereits für den ganzen Zeitraum bezahlt) Rechnungsabgrenzungsposten (s. Abschnitt 2.9).

Aufwendungen und Erträge, die weder leistungs- noch zeitraumbezogen sind, sind in der Periode zu erfassen, in der sie anfallen (z. B. Währungsverluste, außerplanmäßige Abschreibungen).

- **Grundsatz der Richtigkeit und der Willkürfreiheit**: *Die betrieblichen Vorgänge sind in der Buchhaltung und im Jahresabschluss richtig wiederzugeben* (§ 239 Abs. 2 HGB). Dazu gehört, dass alle Geschäftsvorfälle vollständig erfasst, den Tatsachen entsprechend bewertet und zutreffend bezeichnet werden. Die Aufstellung des Jahresabschlusses muss nachvollziehbar sein. Annahmen, die Schätzungen zugrunde liegen, dürfen nicht willkürlich getroffen werden, sondern müssen durch sachkundige Dritte überprüfbar sein.

- **Grundsatz der Vergleichbarkeit**: *Die Positionen der Jahresabschlüsse eines Unternehmens aus verschiedenen Perioden müssen vergleichbar sein,* damit die Entwicklung der wirtschaftlichen Lage des Unternehmens mit Hilfe eines Zeitvergleichs der Jahresabschlüsse beurteilt werden kann.

  Hieraus leitet sich das **Stetigkeitsprinzip** ab: *Im aktuellen Jahresabschluss sind die im vorherigen Jahresabschluss angewandten Ansatz – und Bewertungsmethoden beizubehalten* (**materielle Stetigkeit** gem. §§ 246 Abs. 3, 252 Abs. 1 Nr. 6 HGB). Kapitalgesellschaften haben darüber hinaus auch die Form der Darstellung, insbesondere die Gliederung beizubehalten (**formelle Stetigkeit** gem. § 265 Abs. 1 HGB).

- **Grundsatz der Wesentlichkeit**: *Sofern eine Information für die Vermittlung eines den tatsächlichen Verhältnissen entsprechenden Bildes der Vermögens-, Finanz- und Ertragslage von untergeordneter Bedeutung ist und die Entscheidung eines Jahresabschlussadressaten nicht beeinflussen würde, kann sie vernachlässigt werden.* Seinen Niederschlag findet dieser Grundsatz auch an verschiedenen Stellen im HGB, z. B. in § 256 HGB im Zusammenhang mit Bewertungsvereinfachungsverfahren. Der Grundsatz der Wesentlichkeit hilft dem Jahresabschlussersteller, die Menge an Informationen bei der Erstellung des

Jahresabschlusses sinnvoll zu verarbeiten. Der Grundsatz ist jedoch auch im Sinne der Adressaten: Je mehr Informationen der Jahresabschluss enthält, umso schwieriger ist es für die Leser, die für sie wichtigen Informationen zu finden. Daher ist es von Vorteil, wenn der Jahresabschluss tatsächlich nur wesentliche Informationen enthält.

Grundlage für Fragen des **Ansatzes** ist der Grundsatz der **Vollständigkeit**: *Sämtliche buchungsfähigen Vorgänge sind zu erfassen* (§ 239 Abs. 2 HGB) und *sämtliche Vermögensgegenstände, Schulden, Rechnungsabgrenzungsposten, Aufwendungen und Erträge sind - sofern gesetzlich nichts anderes bestimmt ist - in den Jahresabschluss aufzunehmen* (§ 246 Abs. 1 HGB). Dabei beziehen sich die Bestände im Jahresabschluss auf den Schlusstag des Geschäftsjahres (**Stichtagsgrundsatz** gem. § 242 Abs. 1 Satz 1 HGB) und die Größen, die sich auf einen Zeitraum beziehen, auf die Zeitspanne zwischen zwei Bilanzstichtagen. Alle Ereignisse bis zum Bilanzstichtag sind zu berücksichtigen, auch wenn sie erst nach dem Bilanzstichtag bekannt werden (Wertaufhellung). Ereignisse nach dem Bilanzstichtag sind grundsätzlich nicht zu berücksichtigen. Dadurch, dass die Eröffnungsbilanz eines Geschäftsjahres mit der Schlussbilanz des vorangegangenen Geschäftsjahres übereinstimmen muss (**Grundsatz der Bilanzidentität**, für die Wertansätze in § 252 Abs. 1 Nr. 1 HGB kodifiziert), wird gewährleistet, dass auch in der Totalperiode (= Gesamtlebensdauer eines Unternehmens) sämtliche Geschäftsvorfälle erfasst werden.

Für die **Bewertung** von Bilanz- und GuV-Positionen bilden folgende Grundsätze die Basis:

- **Going-Concern-Prinzip** (Grundsatz der Unternehmensfortführung): *Bei der Bewertung der Bilanzpositionen ist grundsätzlich von der Fortführung der Unternehmenstätigkeit auszugehen* (§ 252 Abs. 1 Nr. 2 HGB). Bei einer Abweichung von dieser Annahme müssten Vermögensgegenstände und Schulden mit ihrem Veräußerungswert bewertet werden, was zum Teil zu erheblich anderen Werten führen könnte. Eine Spezialanlage, die ausschließlich von dem bilanzierenden Unternehmen genutzt werden kann und die für mehrere Millionen Euro angeschafft wurde, wäre z. B. nur noch mit ihrem Schrottwert zu bilanzieren, während ihr Wert für das Unternehmen bei fortgeführter Unternehmenstätigkeit in der Regel mindestens die fortgeführten Anschaffungskosten beträgt.

- **Grundsatz der Einzelbewertung**: *Grundsätzlich sind alle Vermögensgegenstände und Schulden einzeln zu bewerten* (§§ 240 Abs. 1 und 252 Abs. 1 Nr. 3 HGB). Teilweise besteht ein Problem in der Abgrenzung der Bewertungseinheit (gehört z. B. ein Aufzug zu einem Gebäude oder ist er ein gesondert zu bewertender Vermögensgegenstand). Entscheidend ist hierbei der einheitliche Nutzungs- und Funktionszusammenhang.

- **Vorsichtsprinzip**: *Vermögensgegenstände und Schulden sind vorsichtig zu bewerten* (§ 252 Abs. 1 Nr. 4 1. Hs. HGB), d. h., Vermögensgegenstände dürfen nicht mit einem höheren, Schulden nicht mit einem niedrigeren Wert angesetzt werden, als sich unter Berücksichtigung aller vorhersehbaren Risiken ergibt. Das Vorsichtsprinzip liegt dem Imparitätsprinzip zugrunde.

- **Realisationsprinzip**: Gewinne sind erst zu erfassen, wenn sie realisiert sind (§ 252 Abs. 1 Nr. 4 2. Hs. HGB). Ein Ertrag und infolge dessen ein Gewinn aus einem Geschäft, gilt dann als realisiert, wenn ein Gut geliefert bzw. eine Dienstleistung erbracht worden ist. Bis zu diesem Zeitpunkt sind erworbene *Vermögensgegenstände und Erzeugnisse höchstens mit Anschaffungs- oder Herstellungskosten (AHK) zu bewerten* (**Anschaffungswertprinzip** gem. § 253 Abs. 1 HGB).

- **Imparitätsprinzip**: Gewinne und Verluste werden imparitätisch, d. h. ungleich, behandelt: *Verluste sind bereits zu erfassen, wenn sie mit ausreichender Sicherheit erkennbar sind* (§ 252 Abs. 1 Nr. 4 1. Hs. HGB), *Gewinne erst, wenn sie realisiert sind.* Hieraus resultiert die Bestimmung, dass Vermögensgegenstände abgeschrieben werden müssen bzw. dürfen, wenn ihr Wert am Bilanzstichtag unter dem Buchwert liegt (**Niederstwertprinzip**, s. Abschnitt 2.2.4.2) bzw. dass Verbindlichkeiten mit einem höheren Wert anzusetzen sind, wenn der Rückzahlungsbetrag am Bilanzstichtag über dem Buchwert liegt (**Höchstwertprinzip**, s. Abschnitt 2.8.2).

Der **Ausweis** von Bilanz- und GuV-Positionen beruht vor allem auf folgenden Grundsätzen:

- **Grundsatz der Klarheit und der Übersichtlichkeit** (§ 243 Abs. 2 HGB): *Der Jahresabschluss muss übersichtlich gegliedert und die einzelnen Positionen müssen eindeutig bezeichnet sein.*

- **Saldierungsverbot** (§ 246 ABs. 2 Satz 1 HGB): Die Übersichtlichkeit darf nicht durch die Saldierung von Jahresabschlusspositionen erzielt werden: *Vermögensgegenstände dürfen nicht mit Schulden* (z. B. Guthaben auf dem laufenden Konto bei der Hausbank mit einem Darlehen, das von der Hausbank gewährt wurde), *Erträge nicht mit Aufwendungen* (z. B. Zinserträge mit Zinsaufwendungen) *verrechnet werden* .

- **Grundsatz der Kongruenz**: *Die Summe der Periodengewinne entspricht dem Totalgewinn während der gesamten Existenz des Unternehmens.* Daraus folgt, dass Aufwendungen und Erträge immer in der GuV erfasst werden müssen und nicht erfolgsneutral direkt im Eigenkapital verbucht werden dürfen.

Durch das BilMoG hat sich die Bedeutung der einzelnen GoB zum Teil verändert. Früher hatte z. B. das Vorsichtsprinzip eine wesentliche Stellung. Ein ordentlicher Kaufmann rechnete sich eher zu arm als zu reich. Dadurch sollte verhindert werden, dass im Zweifelsfall zu hohe Gewinne ausgeschüttet bzw. besteuert wurden.

Im Laufe der Zeit wurde die Informationsfunktion des Jahresabschlusses jedoch immer wichtiger, was durch die Neuregelungen des BilMoG nun auch im HGB seinen Niederschlag gefunden hat. Das Vorsichtsprinzip wird heute eher so ausgelegt, dass Schulden nicht unter- und Vermögensgegenstände nicht überbewertet werden dürfen. Umgekehrt sollen Schulden aber auch nicht zu hoch und Vermögensgegenstände nicht zu niedrig bewertet werden. Der Grundsatz der Vollständigkeit wird z. B. durch die Aufhebung des Ansatzverbots für selbsterstellte immaterielle Vermögensgegenstände des Anlagevermögens gestärkt. Der Grundsatz der Stetigkeit wird durch die Aufnahme der Ansatzstetigkeit in § 246 Abs. 3 HGB vervollständigt.

Sollten besondere Umstände dazu führen, dass der Jahresabschluss unter Beachtung der GoB kein den tatsächlichen Verhältnissen entsprechendes Bild der Vermögens-, Finanz- und Ertragslage vermittelt, sind gem. § 264 Abs. 2 Satz. 2 HGB hierzu Anhangangaben erforderlich.

Die GoB werden teilweise durch Gesetzesvorschriften außer Kraft gesetzt. Hierauf wird im Folgenden an den relevanten Stellen eingegangen.

1.5 Allgemeine Bestimmungen zum Jahresabschluss

Frage: Wer hat einen Jahresabschluss zu erstellen, wann ist ein Jahresabschluss aufzustellen, in welcher Sprache und in welcher Währung?

Grundsätzlich ist gem. §§ 238 Abs. 1, 240, 242 Abs. 1 HGB jeder Kaufmann verpflichtet, Bücher zu führen, mindestens einmal jährlich ein Inventar zu erstellen und einen Jahresabschluss aufzustellen. Gem. § 241a HGB sind jedoch Einzelkaufleute, die in zwei aufeinander folgenden Geschäftsjahren nicht mehr als 500.000 € Umsatzerlöse und 50.000 € Jahresüberschuss aufweisen, davon befreit.

Nach § 242 Abs. 1 Satz 1 HGB muss ein Kaufmann zu Beginn seines Handelsgewerbes eine Eröffnungsbilanz aufstellen. Darin muss er alle Vermögensgegenstände und Schulden aufführen, die zu Beginn des Geschäftsbetriebes dem Unternehmen zuzurechnen sind, und das Eigenkapital ausweisen. Im Folgenden hat er für den Schluss jedes Geschäftsjahres einen Jahresabschluss, also mindestens Bilanz und GuV, zu erstellen (§ 242 Abs. 2 HGB). Ein Geschäftsjahr muss nicht mit dem Kalenderjahr übereinstimmen. Das Geschäftsjahr der Siemens AG endet z. B. am 30. September.

Um seine Funktionen, insbesondere die Informationsfunktion, erfüllen zu können, sollte ein Jahresabschluss möglichst bald nach Ende des Geschäftsjahres, nach dem sogenannten „Bilanzstichtag", aufgestellt werden. Die zeitnahe Jahresabschlusserstellung ist für die Eigentümer des Unternehmens umso wichtiger, je weniger Einblick sie abgesehen vom Jahresabschluss in die wirtschaftliche Situation des Unternehmens haben. Deshalb hat der Gesetzgeber folgende Fristen für die Jahresabschlusserstellung vorgesehen:

Rechtsform des Unternehmens	Einzelkaufleute und Personengesellschaften	Kapitalgesellschaften		Genossenschaften
		groß, mittel	klein(st)	
Frist zur Jahresabschlusserstellung	„innerhalb der einem ordnungsmäßigen Geschäftsgang entsprechenden Zeit"; Kommentarmeinung: innerhalb eines Jahres nach Ende des Geschäftsjahres	3 Monate nach Ende des Geschäftsjahres	Später als 3 Monate nach Ende des Geschäftsjahres, wenn dies einem ordnungsgemäßen Geschäftsgang entspricht; längstens 6 Monate nach Ende des Geschäftsjahres	5 Monate nach Ende des Geschäftsjahres
Gesetzliche Grundlage	§ 243 Abs. 3 HGB	§ 264 Abs. 1 Satz 3 HGB	§ 264 Abs. 1 Satz 3 und 4 HGB	§ 336 Abs. 1 Satz 2 HGB

Abb. 1.8: Fristen für die Aufstellung des Jahresabschlusses

Die Handelsbücher und andere Aufzeichnungen müssen in einer lebenden Sprache geführt werden (§ 239 Abs. 1 Satz 1 HGB). Englisch oder Französisch ist also zugelassen, Latein jedoch nicht. Der Jahresabschluss ist hingegen zwingend in deutscher Sprache und durchgängig in Euro aufzustellen (§ 244 HGB). Das heißt, alle Geschäftsvorfälle in anderer Währung müssen in Euro umgerechnet werden. Hierfür ist gem. § 256a HGB der Devisenkassamittelkurs am Bilanzstichtag anzuwenden. Grundsätzlich sind dabei das Anschaffungswertprinzip und das Realisationsprinzip zu beachten. Ausgenommen sind hiervon gem. § 256a Satz 2 HGB Vermögensgegenstände und Verbindlichkeiten mit einer Restlaufzeit von höchstens einem Jahr.

1.6 Prüfungsaufgaben:

Aufgabe 1

Geben Sie bitte an, gegen welchen Grundsatz ordnungsmäßiger Buchführung jeweils in den folgenden Fällen verstoßen wird:

a) Die Abschreibung einer Maschine wird nicht auf einem Aufwandskonto erfasst, sondern direkt mit den Gewinnrücklagen verrechnet.
b) Der Leiter des Rechnungswesens schätzt den Drohverlust aus einem schwebenden Geschäft auf 400.000 € – 500.000 €. Da der Jahresüberschuss jedoch im Berichtsjahr ohnehin schon geringer als in den Vorjahren ausfallen wird, bewertet er die Rückstellung mit 50.000 €.
c) In der Bilanz werden die erhaltenen Anzahlungen auf Vorräte mit den Vorräten verrechnet.
d) Ein Unternehmen hat zum Bilanzstichtag die Hälfte eines Dienstleistungsauftrages erfüllt. Dementsprechend erfasst es die Hälfte des vereinbarten Entgeltes in den Umsatzerlösen.
e) Wertpapiere eines Unternehmens haben am Bilanzstichtag einen Kurs von 20 € / Stück. Aufgrund von Konjunkturprognosen geht der Leiter des Rechnungswesens nach Rücksprache mit der Finanzabteilung davon aus, dass der Kurs im Laufe des nächsten Geschäftsjahres um mindestens 5 € sinken wird. Aufgrund des Vorsichtsprinzips bilanziert er die Wertpapiere mit einem Kurs von 15 € / Stück.

2 Die Bilanz

Frage: Was steht in einer Bilanz?

Gemäß § 242 Abs. 1 HGB ist eine Bilanz ein Abschluss, der **das Verhältnis des Vermögens und der Schulden** des Kaufmanns zeigt. In der Bilanz werden die Bestände des Vermögens und der Schulden sowie des Eigenkapitals zu einem bestimmten Zeitpunkt, dem Abschlussstichtag, dargestellt. Bei den in der Bilanz gezeigten Größen handelt es sich somit um **Bestandsgrößen**.

Beispiel:

Am Bilanzstichtag, dem 31.12.00, befinden sich Rohstoffe im Wert von 10.000 € auf Lager. Der Wert dieses Bestandes bezieht sich genau auf den Abschlussstichtag. Er wird in der Bilanz zum 31.12.00 bilanziert. Im Laufe des Geschäftsjahres 00 wurden Rohstoffe im Wert von 200.000 € verbraucht. Dieser Wert bezieht sich auf den Zeitraum 1.1. – 31.12.00. Es handelt sich um eine Stromgröße, die in der Gewinn- und Verlustrechnung (s. Abschnitt 3) für den Zeitraum 1.1. – 31.12.00 als Aufwand für den Rohstoffverbrauch erfasst wird.

Für die Aufstellung einer Bilanz ist es notwendig, zu bestimmen, was zum Vermögen bzw. zu den Schulden des Kaufmanns gehört (Frage des Bilanzansatzes = **Bilanzierung dem Grunde nach**) und mit welchem Wert die Vermögensgegenstände und die Schulden bewertet werden (Frage der Bewertung = **Bilanzierung der Höhe nach**).

2.1 Grundlagen des Bilanzansatzes

Frage: Welche Vermögensgegenstände und Schulden müssen bzw. können in die Bilanz aufgenommen werden?

Zunächst einmal ist zu bestimmen, was Vermögensgegenstände und Schulden sind. Es handelt sich hierbei um Begriffe, die im Gesetz nicht definiert sind. Ihr Inhalt wurde durch die Literatur geprägt (vgl. z. B. Ellrott / Krämer in Beck'scher Bilanzkommentar 2012, § 247 Anm. 10 ff.; ADS 1995, § 246 Tz. 9 ff.; zu den folgenden Ausführungen Coenenberg / Haller / Schulze 2014, S. 78 f.).

Ein **Vermögensgegenstand** ist

- ein **wirtschaftlicher Wert**, d. h. er stiftet einen künftigen Nutzen;
- **selbständig bewertbar**, d. h. es existiert ein geeigneter Bewertungsmaßstab, wie z. B. Auszahlungen, die für den Erwerb des Gegenstandes geleistet wurden, oder Aufwendungen, die für die Herstellung des Gegenstandes angefallen sind;
- **selbständig verkehrsfähig**, d. h. der Gegenstand kann unabhängig von anderen Vermögensgegenständen verkauft werden. Entscheidend ist die abstrakte Veräußerbarkeit, d. h.

es ist grundsätzlich möglich, den Gegenstand zu veräußern. Ein Verbot des Verkaufs, z. B. einer von der öffentlichen Hand erworbenen Lizenz, ist für die Erfüllung des Kriteriums unerheblich.

Eine **Schuld**

- ist eine bestehende oder hinreichend sicher erwartete **Belastung des Vermögens**, d. h. die Schuld wird künftig das Vermögen mindern, z. B. durch den Abfluss liquider Mittel;
- beruht auf einer rechtlichen oder wirtschaftlichen **Leistungsverpflichtung** des Unternehmens;
- ist **selbständig bewertbar**, ist also von anderen Verpflichtungen abgrenzbar und insbesondere nicht Teil des allgemeinen Unternehmerrisikos. Der Bewertungsmaßstab für eine Schuld liegt in der hinreichend sicher bestimmbaren künftigen Vermögensminderung.

Aufgrund des Maßgeblichkeitsprinzips gelten die Definitionen für Vermögensgegenstände und Schulden grundsätzlich nicht nur für die Handels-, sondern auch für die Steuerbilanz. Im **Steuerrecht** lauten die Bezeichnungen jedoch **positive und negative Wirtschaftsgüter**. Außerdem weicht die Definition positiver Wirtschaftsgüter auf Basis der BFH-Rechtsprechung leicht von der für Vermögensgegenstände ab (vgl. Coenenberg / Haller / Schulze 2014, S. 79). Danach liegt ein **positives Wirtschaftsgut** vor, wenn

- **Aufwendungen** entstanden sind,
- das Gut **über das Wirtschaftsjahr hinaus** einen **Nutzen stiftet** und
- das Gut **selbständig bewertbar** ist.

Der entscheidende Unterschied liegt darin, dass positive Wirtschaftsgüter im Gegensatz zu Vermögensgegenständen, auf die sich das HGB bezieht, nicht einzeln veräußerbar sein müssen.

2.1.1 Bilanzierungsfähigkeit

Frage: Unter welchen Bedingungen müssen bzw. können Vermögensgegenstände und Schulden in die Bilanz aufgenommen werden?

Aufgrund des Vollständigkeitsgebotes (s. Abschnitt 1.4.2) müssen grundsätzlich alle bilanzierungsfähigen Vermögensgegenstände und Schulden in die Bilanz eines Kaufmanns bzw. eines Unternehmens aufgenommen werden, sofern kein ausdrückliches gesetzliches Bilanzierungswahlrecht besteht. Bilanzierungsfähig sind Vermögensgegenstände und Schulden, sofern sie **dem Betriebsvermögen des Kaufmanns zuzurechnen** sind und kein ausdrückliches gesetzliches Verbot die Bilanzierung verbietet.

Für die Zurechnung zum Betriebsvermögen des Kaufmanns ist **nicht das rechtliche, sondern das wirtschaftliche Eigentum entscheidend** (§ 246 Abs. 1 S. 2 HGB), bei den Schulden werden nicht nur rechtliche, sondern auch rein wirtschaftliche Verpflichtungen (z. B. Kulanzrückstellungen, s. Abschnitt 2.8.1) berücksichtigt. Wirtschaftliches Eigentum liegt vor, wenn der Kaufmann den Gegenstand nutzen kann als wäre er rechtlicher Eigentümer und wenn er in gleichem Maße wie ein rechtlicher Eigentümer die Gefahr der Beschädigung und des Untergangs des Gegenstandes trägt.
Juristisches und wirtschaftliches Eigentum fallen z. B. bei einer Lieferung unter **Eigentumsvorbehalt** auseinander. Der Lieferant bleibt bis zur Bezahlung rechtlicher Eigentümer der Ware, der Kunde kann mit der Ware aber grundsätzlich machen, was er möchte, und bei ihm liegt das Risiko der Beschädigung, des Verderbs oder der Zerstörung der Ware. Damit ist der Kunde wirtschaftlicher Eigentümer der Ware und hat sie in seiner Bilanz zu bilanzieren. Wei-

tere Beispiele für das Auseinanderfallen von juristischem und wirtschaftlichem Eigentum sind die **Einkaufskommission**, die **Sicherungsübereignung** und bestimmte Formen des Leasing.

Leasing ist ein Oberbegriff für sehr unterschiedliche Formen der Nutzungsüberlassung von Vermögensgegenständen. Es wird grundsätzlich zwischen „Operating Leasing" und „Financial Leasing" unterschieden.

- **Operating Leasing** entspricht der normalen Miete. Die Verträge sind in der Regel kurzfristig oder während der Vertragslaufzeit kündbar. Der Leasinggeber (Vermieter) trägt während der Vertragsdauer das wirtschaftliche Risiko und bleibt damit wirtschaftlicher Eigentümer. Dementsprechend bilanziert er den Vermögensgegenstand in seiner Bilanz.

- **Financial Leasing**-Verträge haben eine längere Laufzeit, während der das Leasingverhältnis nicht kündbar ist (Grundmietzeit). Für die Bilanzierung des Vermögensgegenstandes ist entscheidend, ob der Leasinggeber, der weiterhin rechtlicher Eigentümer des Gegenstandes ist, auch wirtschaftlicher Eigentümer bleibt, oder ober lediglich eine Finanzierungsfunktion hat und das wirtschaftliche Risiko, aber auch die Chancen z. B. einer Wertsteigerung des Gegenstandes, beim Leasingnehmer liegen.

Handelsrechtlich existieren keine Bestimmungen, bei welchen Vertragsbedingungen der Leasinggegenstand beim Leasinggeber bzw. beim Leasingnehmer zu bilanzieren ist. Deshalb orientiert man sich auch bei der Erstellung der Handelsbilanz in der Regel an den Vorschriften der steuerlichen Leasingerlasse (vgl. BMF 1971; BMF 1972; BMF 1975; BMF 1991), die bei der Beurteilung, welchem Vertragspartner der Vermögenswert wirtschaftlich zuzurechnen ist, insbesondere das Verhältnis von Grundmietzeit zur betriebsgewöhnlichen Nutzungsdauer und das Vorhandensein einer vorteilhaften Kauf- oder Mietverlängerungsoption zugrunde legen. Ist der Leasinggegenstand stark auf besondere Bedürfnisse des Leasingnehmers zugeschnitten (Spezialleasing), muss er immer vom Leasingnehmer bilanziert werden, da davon ausgegangen wird, dass die Vertragsbedingungen zu einem Übergang der Chancen und Risiken auf den Leasingnehmer führen (vgl. hierzu ausführlich: Coenenberg / Haller / Schultze 2014, S. 195 – 198).

Bei Einzelkaufleuten ist es teilweise problematisch zu unterscheiden, ob ein Vermögensgegenstand zum Betriebsvermögen des Unternehmens oder zum Privatvermögen des Kaufmanns gehört. Dies gilt z. B. für Kraftfahrzeuge, die sowohl geschäftlich als auch privat genutzt werden, oder für Gebäude, in denen sich geschäftlich genutzte Räume und eine Privatwohnung befinden. In der Handelsbilanz wird in der Regel entsprechend der Vorgehensweise im Steuerrecht vorgegangen. Gem. R 4.2 EStR wird **notwendiges Betriebsvermögen**, das im Jahresabschluss des Unternehmens zu bilanzieren ist, **gewillkürtes Betriebsvermögen**, für dessen Behandlung ein Wahlrecht besteht, und **notwendiges Privatvermögen**, das nicht in den Jahresabschluss des Unternehmens aufgenommen werden darf, unterschieden. Abbildung 2.1 zeigt die Unterschiede im Überblick:

Notwendiges Betriebsvermögen	Gewillkürtes Betriebsvermögen	Notwendiges Privatvermögen
Wirtschaftsgüter, die ausschließlich und unmittelbar für eigenbetriebliche Zwecke genutzt werden oder dazu bestimmt sind; Liegt bei eigenbetrieblicher Nutzung > 50 % vor (Bsp: ein PKW wird zu 70 % geschäftlich genutzt)	Wirtschaftsgüter, die in gewissem objektiven Zusammenhang mit dem Betrieb stehen und ihn zu fördern bestimmt und geeignet sind; Wahlrecht bei Zuordnung zu Betriebs- oder Privatvermögen; Voraussetzung: eindeutiger Ausweis in der Buchführung (Bsp: ein PKW wird zu 40 % geschäftlich genutzt)	Wirtschaftsgüter, die zu mehr als 90 % privat genutzt werden (Bsp: ein PKW wird zu 5 % geschäftlich genutzt)

Abb. 2.1: Unterschiede zwischen Betriebsvermögen und Privatvermögen

Ein Vermögensgegenstand wird als Ganzes entweder dem Betriebsvermögen oder dem Privatvermögen zugerechnet. Lediglich Grundstücke und Grundstücksteile können im Umfang des genutzten Teils bilanziert werden. Wird z. B. ein Gebäude zu 70 % betrieblich, zu 30 % privat genutzt, werden 70 % des Gebäudes einschl. Grundstücksanteil in der Bilanz des Unternehmens erfasst.

Ein weiteres Problem im Zusammenhang mit der Bilanzierungsfähigkeit besteht in der Entscheidung, wann ein Unternehmen einen Vermögensgegenstand derart erweitert, dass damit praktisch ein neuer Vermögensteil erstellt wird. Dann ist der neue Gegenstand bzw. die Erweiterung zu aktivieren und mit dem entsprechenden Herstellungsaufwand zu bewerten (s. Abschnitt 2.2.2). Ist der Aufwand jedoch dafür entstanden, dass ein vorhandener Vermögensgegenstand in seiner Nutzungsmöglichkeit erhalten bleibt, entsteht kein neuer Vermögensgegenstand. Der Aufwand wird nicht aktiviert, sondern mindert in der Periode das Ergebnis. Man spricht dann von Erhaltungsaufwand.

Beispiel:

Ein Unternehmen erweitert sein Verwaltungsgebäude um einen Anbau, in dem die Büros für eine neue Abteilung untergebracht werden sollen. Gleichzeitig wird das Verwaltungsgebäude renoviert. Der Aufwand für die Errichtung des Anbaus ist Herstellungsaufwand und daher zu aktivieren. Der Aufwand für die Renovierung stellt Erhaltungsaufwand dar und mindert den Gewinn der Periode. Dabei ist die Art des Aufwandes unerheblich: In beiden Fällen entsteht z. B. Aufwand für Tapete und Farben. Für die Charakterisierung ist entscheidend, wofür der Aufwand angefallen ist: für die Erhaltung der Funktionsfähigkeit des Vermögensgegenstandes oder für eine Erweiterung bzw. Neuerstellung.

In der Praxis bereitet die Klassifizierung teilweise Probleme, da die Übergänge fließend sind. Abb. 2.2 zeigt die Unterschiede im Überblick.

Erhaltungsaufwand	Herstellungsaufwand
• Entsteht regelmäßig • Keine Veränderung der Wesensart des Vermögensgegenstandes • Erhalt der Verwendungs-/ Nutzungsmöglichkeit • Erhalt des ordnungsgemäßen Zustands des Vermögensgegenstandes	• Schaffung eines neuen Vermögensgegenstandes • Erweiterung eines Vermögensgegenstandes • Wesentliche Veränderung der Gebrauchs-/ Verwertungsmöglichkeit • Erhebliche Verlängerung der Lebensdauer

Abb. 2.2: Unterscheidung zwischen Erhaltungs- und Herstellungsaufwand

2.1.2 Bilanzierungsverbote

Frage: Welche gesetzlichen Bilanzierungsverbote durchbrechen das Vollständigkeitsgebot nach § 246 Abs. 1 HGB?

Gem. **§ 248 HGB** dürfen folgende **Aktivposten** nicht in die Bilanz aufgenommen werden:

- Aufwendungen für die Gründung eines Unternehmens,
- Aufwendungen für die Beschaffung des Eigenkapitals,
- Aufwendungen für den Abschluss von Versicherungsverträgen und
- Marken, Drucktitel, Verlagsrechte, Kundenlisten oder vergleichbare immaterielle Vermögensgegenstände des Anlagevermögens, die nicht entgeltlich erworben wurden.

Auf der Passivseite beschränkt der Gesetzgeber die Bilanzierung ungewisser Verpflichtungen durch ein Verbot des Ansatzes von **Rückstellungen für Sachverhalte, die nicht explizit in § 249 Abs. 1 HGB erwähnt sind** (§ 249 Abs. 2 HGB).

2.1.3 Bilanzierungswahlrechte

Frage: Welche gesetzlichen Bilanzierungswahlrechte durchbrechen das Vollständigkeitsgebot nach § 246 Abs. 1 HGB?

Das HGB enthält für Vermögensgegenstände lediglich das Aktivierungswahlrecht für **selbstgeschaffene immaterielle Vermögensgegenstände des Anlagevermögens** (s. hierzu ausführlich Abschnitt 2.4.1). Es wurde durch das BilMoG zur Annäherung der deutschen an die internationale Rechnungslegung nach IFRS eingeführt. Die IFRS schreiben eine Aktivierung selbsterstellter immaterieller Vermögensgegenstände des Anlagevermögens unter bestimmten Voraussetzungen zwingend vor.

Gem. § 6 Abs. 2 Satz 1 i. V. m. § 6 Abs. 2 S. 4 EStG dürfen **abnutzbare bewegliche selbständig nutzbare Wirtschaftsgüter des Anlagevermögens mit Anschaffungs- oder Herstellungskosten von bis zu 150 € netto** im Geschäftsjahr des Zugangs als Betriebsausgaben erfasst werden. Dieses steuerliche Aktivierungswahlrecht kann auch in der Handelsbilanz angewandt werden. Es entspricht dem Grundsatz der Wesentlichkeit.

Ferner besteht für ein **Disagio** ein Aktivierungswahlrecht (§ 250 Abs. 3 HGB). Ein Disagio entsteht, wenn der Erfüllungsbetrag für eine Verbindlichkeit höher ist als der Auszahlungsbetrag. Die Verbindlichkeit ist mit ihrem Erfüllungsbetrag zu bilanzieren. Die Differenz zum Auszahlungsbetrag ist zusätzlicher Zinsaufwand, der sich auf die gesamte Laufzeit der Verbindlichkeit bezieht. Gem. § 246 Abs. 1 HGB wäre er grundsätzlich als Rechnungsabgrenzungsposten zu aktivieren. § 250 Abs. 3 HGB ermöglicht dem Bilanzierenden jedoch, den Betrag sofort als Aufwand zu erfassen.

§ 274 HGB sieht grundsätzlich den Ansatz sogenannter latenter Steuern für die Fälle vor, in denen die Bilanzierung in der Handelsbilanz von der in der Steuerbilanz abweicht (s. hierzu ausführlich Abschnitt 2.10). Sowohl die Aktiv- als auch die Passivseite können betroffen sein. Sind die **aktiven latenten Steuern** höher als die passiven, besteht für den Betrag, um den die aktiven die passiven latenten Steuern übersteigen, gem. § 274 Abs. 1 Satz 2 HGB ein Ansatzwahlrecht.

Auf der Passivseite besteht gem. Art. 28 Abs. 1 EGHGB ein Bilanzierungswahlrecht für **Rückstellungen für Pensionsansprüche, die vor dem 1.1.1987** erworben wurden, und deren Erhöhungen sowie für mittelbare Verpflichtungen aus Zusagen für eine laufende Pension oder eine Anwartschaft auf eine Pension.

2.2 Grundlagen der Bewertung

Frage: Mit welchem Wert müssen bzw. können Vermögensgegenstände und Schulden in die Bilanz aufgenommen werden?

Werden Vermögensgegenstände erstmalig angesetzt, also in die Bilanz eines Unternehmens aufgenommen, werden sie mit ihren **Anschaffungs- bzw. Herstellungskosten** (s. Abschnitt 2.2.1 und 2.2.2) bewertet (Erstbewertung). Zu beachten ist, dass es sich hierbei nicht um Kosten i. S. der Kostenrechnung, sondern um Aufwendungen handelt. Für die Bewertung in den nachfolgenden Jahresabschlüssen (Folgebewertung) wird unterschieden, ob die Vermögensgegenstände im Anlage- oder im Umlaufvermögen bilanziert werden und ob sie zeitlich begrenzt oder unbegrenzt nutzbar sind. Hiernach richtet sich die Anwendung der Vorschriften zur Berücksichtigung von Wertminderungen in Form von **Abschreibungen** (s. Abschnitt 2.2.4). Gem. § 253 Abs. 1 Satz 1 HGB bilden die Anschaffungs- oder Herstellungskosten (ggf. abzüglich sogenannter planmäßiger Abschreibungen = fortgeführte Anschaffungs- oder Herstellungskosten) die Obergrenze für die Bewertung von Vermögensgegenständen (= Anschaffungswertprinzip).

Mit Verabschiedung des BilMoG in 2009 wurde als neuer Wertmaßstab der **beizulegende Zeitwert** (s. Abschnitt 2.2.3) in das HGB eingeführt. In einem Jahresabschluss von Industrieunternehmen sind gem. § 253 Abs. 1 S. 3 u. 4 HGB jedoch lediglich

- Rückstellungen für Altersversorgungsverpflichtungen, deren Höhe sich ausschließlich nach dem beizulegenden Zeitwert von Wertpapieren des Anlagevermögens i. S. d. § 266 Abs. 2 A.III.5 HGB bestimmt, sofern er einen garantierten Mindestbetrag übersteigt, und
- Vermögensgegenstände, die ausschließlich der Erfüllung von Schulden aus Altersversorgungsverpflichtungen u.ä. dienen und dem Zugriff aller übrigen Gläubiger entzogen sind,

mit dem beizulegenden Zeitwert zu bewerten. Liegt der beizulegenden Zeitwert über den Anschaffungskosten, wird das Anschaffungswertprinzip durchbrochen.

Gem. § 253 Abs. 1 Satz 2 HGB sind Verbindlichkeiten mit ihrem **Erfüllungsbetrag**, Rückstellungen mit dem „nach vernünftiger kaufmännischer Beurteilung notwendigen" Erfüllungsbetrag zu bewerten (s. hierzu näher Abschnitt 2.8.2 und Abschnitt 2.8.1).

Prinzipiell gilt für Vermögensgegenstände und Schulden der Grundsatz der Einzelbewertung gem. § 252 Abs. 1 Nr. 3 HGB (s. hierzu auch Abschnitt 1.4). Teilweise lässt sich eine Einzelbewertung jedoch nicht durchführen oder sie ist nicht wirtschaftlich. In solchen Fällen ist eine Abweichung von dem Grundsatz möglich (s. hierzu Abschnitt 2.2.5).

2.2.1 Anschaffungskosten

Frage: Was sind Anschaffungskosten?

Anschaffungskosten sind gem. § 255 Abs. 1 Satz 1 HGB Aufwendungen

- um einen Vermögensgegenstand zu erwerben und
- um ihn in einen betriebsbereiten Zustand zu versetzen,
- die einzeln dem Vermögensgegenstand zurechenbar sind.

Sie setzen sich gem. § 255 Abs. 1 Satz 2 HGB aus folgenden Bestandteilen zusammen:

Anschaffungspreis (netto)
+ Anschaffungsnebenkosten
+ nachträgliche Anschaffungskosten
- Anschaffungspreisminderungen

Bei dem **Anschaffungspreis** handelt es sich um den Preis laut Rechnung. Erhält das Unternehmen die Umsatzsteuer als Vorsteuer vom Finanzamt erstattet, wird lediglich der Nettobetrag (Rechnungsbetrag – Umsatzsteuer) angesetzt.

Anschaffungsnebenkosten sind sämtliche Auszahlungen oder Aufwendungen, die im Zusammenhang mit dem Erwerb eines Vermögensgegenstandes während des Anschaffungszeitraums anfallen und die dem Vermögensgegenstand direkt zurechenbar sind. Hierzu zählen z. B. Transportausgaben und Aufwendungen für die Montage und für Probeläufe. Fremdkapitalzinsen zählen grundsätzlich nicht zu den Anschaffungs(neben)kosten.

Nachträgliche Anschaffungskosten sind sämtliche Auszahlungen oder Aufwendungen, die im Zusammenhang mit dem Erwerb eines Vermögensgegenstandes nach dem Anschaffungszeitraum anfallen und die dem Vermögensgegenstand einzeln zurechenbar sind. Dies können z. B. Aufwendungen für Umbauten sein, die noch im Zusammenhang mit dem Erwerb stehen, weil sie bspw. bereits beim Erwerb geplant waren, nachträgliche Erschließungsbeiträge für Grundstücke oder auch nachträgliche Kaufpreiserhöhungen.

Zu den **Anschaffungspreisminderungen** zählen alle Nachlässe des ursprünglichen Anschaffungspreises, der Nebenkosten und der nachträglichen Kosten, wie z. B. Skonti oder nachträgliche Preisnachlässe aufgrund von Mängeln. Für die Behandlung von Zuschüssen und anderen Subventionen, die in Zusammenhang mit dem Erwerb eines Vermögensgegenstandes gewährt werden, besteht grundsätzlich ein steuerliches Wahlrecht, das auf die Handelsbilanz ausstrahlt: die Anschaffungskosten können um den Subventionsbetrag gekürzt werden oder es ist ein Passivposten zu bilden, der über die Nutzungsdauer des Vermögensgegenstandes ertragswirksam aufgelöst wird (vgl. R 6.5 EStR).

Beispiel (Angaben sämtlich ohne Umsatzsteuer):

Eine Maschine wird zum Listenpreis von 100.000 € erworben. Bei Zahlung innerhalb von 14 Tagen gewährt der Lieferant 2 % Skonto. Der Transport und die Montage werden durch den Lieferanten durchgeführt, wofür er weitere 10.000 € berechnet. Im Zusammenhang mit den Probeläufen entstehen Personalgemeinkosten in Höhe von 3.000 € und Materialeinzelkosten in Höhe von 1.000 €. Das Unternehmen begleicht seine Rechnungen immer innerhalb der Skontofrist.
Die Anschaffungskosten der Maschine berechnen sich wie folgt:

Anschaffungspreis:	100.000 €	
+ Anschaffungsnebenkosten:	10.000 €	(Transport und Montage)
	1.000 €	(Materialeinzelkosten der Probeläufe)
- Anschaffungspreisminderungen:	2.200 €	(Skonto auf die Rechnungsbeträge des Lieferanten)
= Anschaffungskosten	108.800 €	

Die Personalgemeinkosten können nicht der Maschine einzeln zugerechnet werden und gehören damit nicht zu den Anschaffungskosten.

Im Falle eines **Tausches** wird für ein Gut statt Geld ein anderes Gut oder werden andere Güter abgegeben. Folglich gilt als Anschaffungskosten für das erhaltene Gut grundsätzlich der Zeitwert der weggegebenen Vermögensgegenstände. Die Obergrenze für die Anschaffungskosten bildet der Zeitwert des erworbenen Gutes. In der Literatur wird die Auffassung vertreten, dass der erworbene Vermögensgegenstand auch mit dem Buchwert des abgegebenen Gutes bewertet werden kann (vgl. Schubert / Gadek in Beck'scher Bilanzkommentar 2014, § 255 Anm. 40).

2.2.2 Herstellungskosten

Frage: Was sind Herstellungskosten?

Herstellungskosten sind gem. § 255 Abs. 2 Satz 1 HGB **Aufwendungen für Güterverbrauch** innerhalb des Unternehmens **oder für die Inanspruchnahme von Diensten Dritter zur**

- **Herstellung,**
- **Erweiterung oder**
- **über den ursprünglichen Zustand hinausgehenden wesentlichen Verbesserung**

eines Vermögensgegenstandes. Die Bestimmung, ob ein Vermögensgegenstand erweitert oder wesentlich verbessert wurde oder ob die Aufwendungen lediglich der Erhaltung des Vermögensgegenstandes dienen, entscheidet über die Aktivierung oder sofortige Ergebniswirksamkeit der angefallenen Aufwendungen (s. zur Unterscheidung zwischen Erhaltungs- und Herstellungsaufwand Abschnitt 2.1.1). Durch die Aktivierung selbst hergestellter Güter werden die Aufwendungen, die durch die Herstellung entstanden sind, in Höhe der Herstellungskosten, mit denen die Güter bewertet werden, ausgeglichen und erst bei Abgang oder Wertminderung des Vermögensgegenstandes erfolgswirksam.

Teilweise kann eine **Abgrenzung zwischen** Maßnahmen im Rahmen der **Anschaffung und** Maßnahmen zur **Erweiterung bzw.** wesentlichen **Verbesserung** eines Vermögensgegenstandes schwierig sein. Die Unterscheidung ist deshalb wichtig, weil zu den Anschaffungskosten nur einzeln zurechenbare Aufwendungen zählen, in die Herstellungskosten jedoch auch Gemeinkosten eingerechnet werden müssen bzw. dürfen.

In § 255 Abs. 2 HGB sind die Bestandteile der Herstellungskosten festgelegt. Es gibt Pflicht- und Wahlbestandteile, so dass für den Bilanzierenden ein **Bewertungsspielraum** besteht. Bezieht der Bilanzierende in die Herstellungskosten Wahlbestandteile mit ein, weist er höheres Vermögen aus und im Zeitpunkt der Aktivierung ein höheres Ergebnis, da ein größerer Teil der Herstellungsaufwendungen ausgeglichen wird. Andererseits ist das Ergebnis in den Perioden, in denen der Vermögensgegenstand abgeht oder abgeschrieben wird, niedriger als bei einer Bewertung nur mit den Pflichtbestandteilen (s. hierzu auch das Beispiel zur GuV in Abschnitt 3.2.1). Damit realisiert ein Unternehmen, das in die Herstellungskosten Wahlbestandteile einbezieht, Gewinne früher als ein Unternehmen, das nur die Pflichtbestandteile aktiviert. Das **Stetigkeitsgebot**, wonach eine einmal gewählte Zusammensetzung der Herstellungskosten grundsätzlich beizubehalten ist, schränkt den Bewertungsspielraum ein.

	Handelsrecht	**Steuerrecht**
Materialeinzelkosten	Pflicht	Pflicht
Fertigungseinzelkosten	Pflicht	Pflicht
Sondereinzelkosten der Fertigung	Pflicht	Pflicht
Materialgemeinkosten	Pflicht	Pflicht
Fertigungsgemeinkosten	Pflicht	Pflicht
Planmäßige Abschreibungen des Anlagevermögens der Fertigung	Pflicht	Pflicht
Aufwendungen der allgemeinen Verwaltung (z. B. Personalabteilung, Rechnungswesen, Geschäftsführung)	Wahl	Pflicht
Aufwendungen für soziale Einrichtungen (z. B. Kantine, Betriebskindergarten)	Wahl	Pflicht
Aufwendungen für freiwillige soziale Leistungen (z. B. Zuschüsse bei Heirat oder Geburt eines Kindes)	Wahl	Pflicht
Aufwendungen für betriebliche Altersversorgung (z. B. Zuführung zu den Pensionsrückstellungen)	Wahl	Pflicht
Fremdkapitalzinsen (unter bestimmten Voraussetzungen)	Wahl	Wahl
Forschungs- und Vertriebskosten	Verbot	Verbot

Abb. 2.3: Bestandteile der Herstellungskosten nach Handels- und Steuerrecht

Nach Verabschiedung des BilMoG war die Definition der Herstellungskosten für die Handelsbilanz und für die Steuerbilanz praktisch identisch. Gem. R 6.3 Abs. 1 EStÄR (2012) müssen in die Herstellungskosten für die Steuerbilanz nun jedoch - mit Ausnahme der Fremdkapitalzinsen - sämtliche Wahlbestandteile der Handelsbilanz einbezogen werden. Damit erreicht der Steuergesetzgeber eine frühere Besteuerung der Gewinne. Zu einer Abweichung der Handelsbilanz von der Steuerbilanz kann es darüber hinaus kommen, wenn in der

Handelsbilanz ein selbst erstellter immaterieller Vermögensgegenstand aktiviert wurde (s. Abschnitt 2.4.1), der im Herstellungsprozess genutzt wird, so dass die Abschreibungen in der Handelsbilanz in die Herstellungskosten einbezogen werden. In der Steuerbilanz ist die Aktivierung selbst erstellter immaterieller Vermögenswerte des Anlagevermögens nicht zulässig.

Abb. 2.3 zeigt die Bestandteile der handelsrechtlichen und der steuerrechtlichen Herstellungskosten im Überblick.

Die dem Gut **direkt und indirekt zurechenbaren Aufwendungen des Herstellungsbereichs** (Materialkosten, Fertigungskosten, Abschreibungen und z. B. Lizenzgebühren als Sondereinzelkosten) sind zwingender Bestandteil der Herstellungskosten. Für die Einbeziehung der **nicht direkt zurechenbaren Aufwendungen des Herstellungsbereichs** ist wesentlich, dass

- sie angemessen sind, also nicht ungewöhnlich hoch und z. B. nicht durch Unterbeschäftigung verursacht,
- sie auf den Zeitraum der Herstellung entfallen
- die Material- und Fertigungsgemeinkosten notwendig sind, also nicht z. B. durch Fehlentscheidungen verursacht wurden,
- die Abschreibungen durch die Fertigung veranlasst wurden.

Auch **die Wahlbestandteile** dürfen nur einbezogen werden, sofern sie angemessen sind und auf den Zeitraum der Herstellung entfallen. Forschungs- und Vertriebskosten sind keine Bestandteile der Herstellungskosten.

Fremdkapitalzinsen gehören gem. § 255 Abs. 3 HGB grundsätzlich nicht zu den Herstellungskosten. Sie dürfen jedoch einbezogen werden, wenn das Fremdkapital zur Finanzierung der Herstellung des Gutes verwendet wurde. Damit muss nachgewiesen werden, dass die Aufnahme des Fremdkapitals in Zusammenhang mit der Herstellung des Gutes stand, z. B. durch eine Zweckbindungsklausel im Kreditvertrag. Es darf nur Zinsaufwand in die Herstellungskosten einbezogen werden, der auf den Zeitraum der Herstellung entfällt. Werden Fremdkapitalzinsen in der Handelsbilanz angesetzt, ist aufgrund des Maßgeblichkeitsprinzips in der Steuerbilanz genauso zu verfahren (R 6.3 Abs. 5 EStR).

Beispiel:

Ein Unternehmen hat in 01 200 Stück des Produktes X hergestellt, wovon 180 Stück verkauft wurden. Folgende Aufwendungen sind in 01 für X angefallen:

• Materialeinzelkosten:	100.000 €
• Materialgemeinkosten:	7 % der Materialeinzelkosen
• Fertigungslöhne:	160.000 €
• Fertigungsgemeinkosten:	70 % der Fertigungslöhne
• Lizenzgebühren:	10.000 €
• Abschreibungen auf Maschine A, auf der nur das Produkt X produziert wird; Auslastung: 80 %	120.000 €
• Allgemeine Verwaltung:	5 % auf die Material- und Fertigungskosten
• Aufwendungen für Werbung für X:	70.000 €
• Aufwendungen für den Transport	
• zu Händlern:	3.000 €

Zum Erwerb der Maschine A wurde ein Kredit aufgenommen, für den in 01 40.000 € Zinsen gezahlt wurden.

Mit welchem Wert müssen bzw. können die nicht verkauften Produkte in der Handelsbilanz für das Geschäftsjahr 01 bilanziert werden?

Ermittlung der Herstellungskosten für die gesamte Produktion (in €):

Fertigungsmaterial	100.000
Fertigungslöhne	160.000
Sondereinzelkosten der Fertigung (Lizenzgebühren)	10.000
Materialgemeinkosten	7.000
Fertigungsgemeinkosten	112.000
Abschreibungen (80 % von 120.000)	96.000
Untergrenze	**485.000**
Verwaltungsgemeinkosten (5 % von 485.000)	24.250
Zinsen (80 % von 40.000)	32.000
Obergrenze	**541.250**

Ansatz der nicht verkauften Produkte :
- mindestens mit (485.000 € : 200 Stück) * 20 Stück = 48.500 €
- höchstens mit (541.250 € : 200 Stück) * 20 Stück = 54.125 €

Bei den Werbungs- und den Transportaufwendungen handelt es sich um Vertriebskosten, die nicht aktivierungsfähig sind.

2.2.3 Beizulegender Zeitwert

Frage: Was ist der beizulegende Zeitwert?

Die Definition des beizulegenden Zeitwertes wurde durch das BilMoG in das HGB aufgenommen, da durch das Gesetz der beizulegende Zeitwert als Bewertungsmaßstab für folgende Bilanzpositionen festgelegt wurde:

- Rückstellungen für Altersversorgungsverpflichtungen, deren Höhe sich ausschließlich nach dem beizulegenden Zeitwert von Wertpapieren des Anlagevermögens bestimmt (§ 253 Abs. 1 S. 3 HGB),
- Vermögenswerte zur Deckung von Versorgungsverpflichtungen, die dem Zugriff der übrigen Gläubiger entzogen sind (§ 253 Abs. 1 S. 4 HGB); s. hierzu im einzelnen Abschnitt 2.6) und
- im Falle von Kreditinstituten auch für den Handelsbestand von Finanzinstrumenten (§ 340e Abs. 3 S. 1 HGB).

Gem. § 255 Abs. 4 HGB entspricht der beizulegende Zeitwert dem **Marktpreis**. Grundsätzlich sollte der Marktpreis auf einem **aktiven Markt** ermittelt worden sein. In der internationalen Rechnungslegung ist ein Markt ein aktiver Markt, wenn auf ihm
- homogene Güter gehandelt werden,
- vertragswillige Parteien jederzeit gefunden werden können und
- die Preise öffentlich sind.

Wertpapierbörsen stellen i. d. R. aktive Märkte dar.

Kein aktiver Markt liegt jedoch z. B. vor, wenn von den Aktien eines Unternehmens nur ein geringer Anteil im öffentlichen Handel ist, weil beispielsweise ein Großaktionär den Hauptanteil hält, und deshalb nur wenige Aktien gehandelt werden.

Als beizulegender Zeitwert gilt der notierte Marktpreis. Sogenannte Paketzu- oder -abschläge, die z. T. beim Handel mit größeren Beständen desselben Finanzinstruments gezahlt bzw. gewährt werden, sind nicht zu berücksichtigen.

Liegt kein aktiver Markt vor, ist der beizulegende Zeitwert mit Hilfe von **allgemein anerkannten Bewertungsmethoden** näherungsweise zu bestimmen. Möglich ist z. B. der Rückgriff auf einen Marktpreis, der im Rahmen eines kürzlich durchgeführten vergleichbaren Geschäftes zwischen sachverständigen, vertragswilligen und unabhängigen Geschäftspartnern vereinbart wurde. Anerkannte wirtschaftliche Bewertungsmethoden wie die Discounted Cashflow-Methode (Ermittlung des Barwertes der künftigen Zahlungen) oder Optionspreismodelle können ebenfalls angewandt werden.

Lässt sich der beizulegende Zeitwert nicht verlässlich ermitteln, weil z. B.
- kein aktiver Markt besteht und
- die Anwendung von Bewertungsmethoden lediglich eine Bandbreite von Werten ergibt, die signifikant voneinander abweichen und deren Eintrittswahrscheinlichkeiten nicht festgestellt werden können,

ist der letzte zuverlässig ermittelte Zeitwert (im Zweifelsfall der im Zeitpunkt der Anschaffung) als Anschaffungskosten fortzuführen.

2.2.4 Abschreibungen

Frage: Was sind Abschreibungen?

In vielen Fällen verringert sich der Wert von Vermögensgegenständen im Laufe der Zeit. Dann wird ein Vermögensgegenstand mit einem geringeren Wert bewertet. Die Wertminderung wird als Aufwand durch sogenannte **Abschreibungen** erfasst. Die Bestimmungen zu den Abschreibungen sind in den Absätzen 3 (für das Anlagevermögen) und 4 (für das Umlaufvermögen) des § 253 HGB enthalten. Zu unterscheiden sind planmäßige und außerplanmäßige Abschreibungen.

2.2.4.1 Planmäßige Abschreibungen

Frage: Welche Vermögensgegenstände werden planmäßig abgeschrieben und wie werden die Abschreibungen berechnet?

Gem. § 253 Abs. 3 Satz 1 und 2 HGB müssen die Anschaffungs- oder Herstellungskosten der **Vermögensgegenstände des Anlagevermögens**, deren **Nutzungsdauer zeitlich begrenzt** ist, über die voraussichtliche Nutzungsdauer der Vermögensgegenstände planmäßig verteilt werden.

Grundsätzlich bestehen zwei Annahmen zu den Ursachen der zeitlichen Begrenzung der Nutzungsdauer, die der Verteilung zugrunde gelegt werden können:

1. Der Vermögensgegenstand nutzt sich in erster Linie aufgrund des Zeitablaufs ab. Bei immateriellen Vermögensgegenständen kann die Begrenzung der Nutzungsdauer z. B. darin liegen, dass eine Lizenz für eine bestimmte Zeit gewährt wird. Technische Anlagen können unabhängig von der Nutzung dadurch nur begrenzt nutzbar sein, dass der Vermögensgegenstand, der auf ihnen gefertigt wird, nur über einen beschränkten Zeitraum verkauft werden kann. Eine technische Anlage kann aber auch ohne Nutzung nach einer bestimmten Zeit nicht mehr funktionstauglich sein. In solchen Fällen wird ein Verfahren der **zeitlichen Abschreibung** angewandt.

2. Der Vermögensgegenstand nutzt sich in erster Linie durch tatsächliche Nutzung ab. Dies ist z. B. der Fall, wenn ein LKW erfahrungsgemäß eine bestimmte Anzahl von Kilometern fahren kann und danach nicht mehr wirtschaftlich genutzt werden kann. Der Wert des LKW nimmt dann in Abhängigkeit von den gefahrenen Kilometern ab. In einem solchen Fall wird der Wertverlust am besten durch eine **leistungsabhängige Abschreibung** abgebildet.

Beide Vorgehensweisen können auch kombiniert werden.

Zur Ermittlung der jährlichen **planmäßigen Abschreibungen** müssen – je nachdem, welche Vorgehensweise gewählt wird - folgende **Determinanten** bestimmt werden:

Zeitliche Abschreibung	Leistungsabhängige Abschreibung
• Abschreibungsvolumen • Nutzungsdauer • Abschreibungsverfahren; ggf. Degressionsfaktor	• Abschreibungsvolumen • Gesamtes Nutzenpotenzial • Nutzenvolumen der Berichtsperiode

Abb. 2.4: Determinanten der Abschreibung

Ausgangspunkt für die **Bestimmung des Abschreibungsvolumens** sind die Anschaffungs- oder Herstellungskosten. Sie bilden die Wertobergrenze. Sofern mit ausreichender Sicherheit damit gerechnet wird, dass der Vermögensgegenstand nach Ablauf der Nutzungsdauer zu einem erheblichen Betrag verkauft werden kann, muss dieser Restwert zur Ermittlung des Abschreibungsvolumens von den Anschaffungs- oder Herstellungskosten abgezogen werden. Da ein solcher Restwert in der Praxis selten sicher geschätzt werden kann, werden in der Regel die gesamten Anschaffungs- oder Herstellungskosten bis auf einen Erinnerungswert von 1 € abgeschrieben. In den Beispielen und Aufgaben in diesem Buch wird zur Vereinfachung der Erinnerungswert vernachlässigt.

Die **Nutzungsdauer** ist der Zeitraum, innerhalb dessen der Vermögensgegenstand durch das Unternehmen genutzt wird. Relevant ist nicht, über welchen Zeitraum die Nutzung eines Vermögensgegenstandes technisch möglich ist (**technische Nutzungsdauer**), sondern wie lange er voraussichtlich durch das Unternehmen unter Berücksichtigung der Wirtschaftlichkeit tatsächlich genutzt wird (**wirtschaftliche Nutzungsdauer**). Daher muss die Nutzungsdauer von jedem Unternehmen – in der Regel auf Grundlage von Erfahrungen – individuell geschätzt werden.

In der Praxis werden häufig die in den AfA-Tabellen der Finanzverwaltung festgelegten Abschreibungszeiträume, die Richtwerte für die Abschreibungen in der Steuerbilanz darstellen, als überbetrieblicher Erfahrungssatz auch in der Handelsbilanz zugrunde gelegt. Im Falle von Rechten (Patente, Lizenzen) ergibt sich die Nutzungsdauer aus der rechtlichen Laufzeit der Rechte (Patentschutz, Vertragsdauer; **rechtliche Nutzungsdauer**). Soll ein Recht kürzer genutzt werden, wird der Wert über die geplanten Dauer der tatsächlichen Nutzung des Rechtes abgeschrieben.

Wird ein Vermögensgegenstand im Laufe eines Geschäftsjahres angeschafft, ist grundsätzlich zeitanteilig („pro rata temporis“) abzuschreiben. Gem. § 7 Abs. 1 EStG muss im Anschaffungsjahr zeitanteilig für die Monate ab dem Monat, in dem das Gut angeschafft wird, abgeschrieben werden. Wird z. B. eine Maschine im August 2015 angeschafft, so beträgt die Abschreibung auf die Maschine im Geschäftsjahr 2015 5/12 der Jahresabschreibung. Diese Vereinfachung wird in der Regel auch in der Handelsbilanz angewandt.

Durch das **Abschreibungsverfahren** wird bestimmt, wie das Abschreibungsvolumen über die Perioden des betrieblichen Einsatzes des Vermögensgegenstandes verteilt wird. Durch die Abschreibung soll der Wertverlust des Vermögensgegenstandes erfasst werden. Das Abschreibungsverfahren muss damit den Verlauf des Wertverzehrs bzw. der Abnahme des Nutzenpotentials des Vermögensgegenstandes abbilden. Verschiedene Abschreibungsverfahren bilden unterschiedliche Entwicklungen des Wertes bzw. des Nutzenpotentials von Vermögensgegenständen ab:

- Bei der **linearen Abschreibung** wird von einer gleichmäßigen Wert- bzw. Nutzenabnahme des Vermögensgegenstandes ausgegangen. Dementsprechend wird das Abschreibungsvolumen gleichmäßig über die Nutzungsdauer verteilt. Der jährliche Abschreibungsbetrag berechnet sich, indem das Abschreibungsvolumen durch die Anzahl der Nutzungsjahre geteilt wird.

Beispiel:

Eine Maschine mit Anschaffungskosten von 140.000 € und einer erwarteten Nutzungsdauer von 7 Jahren wird zum 1.1.00 angeschafft. Bei Anwendung der linearen Abschreibungsmethode ergibt sich folgender Abschreibungsplan:

Geschäftsjahr	Buchwert zu Beginn des Geschäftsjahres (in €)	Abschreibungsbetrag des Geschäftsjahres (in €)	Buchwert am Ende des Geschäftsjahres (in €)
00	140.000	20.000	120.000
01	120.000	20.000	100.000
02	100.000	20.000	80.000
03	80.000	20.000	60.000
04	60.000	20.000	40.000
05	40.000	20.000	20.000
06	20.000	20.000	0

Das lineare Abschreibungsverfahren wird in der Praxis wegen seiner einfachen Anwendbarkeit vielfach eingesetzt. Betrachtet man die Abschreibung und weitere Aufwendungen, die im Zusammenhang mit abnutzbaren Vermögensgegenständen des Anlagevermögens entstehen, wie z. B. Instandhaltungs- und Reparaturaufwendungen, als Einheit, so steigen mit zunehmendem Alter die Aufwendungen für den jeweiligen Vermögensgegenstand an.

- Bei Anwendung der **degressiven Abschreibung** wird unterstellt, dass sich die Wert- bzw. Nutzenabnahme des Vermögensgegenstandes im Laufe der Zeit vermindert. Die jährlichen Abschreibungsbeträge nehmen ab. Im Falle der **geometrisch-degressiven Abschreibung** (Buchwertabschreibung) wird der Buchwert in jedem Geschäftsjahr um einen konstanten Prozentsatz verringert. Der jährliche Abschreibungsbetrag wird berechnet, indem der Buchwert zu Beginn des Geschäftsjahres mit dem festgelegten Prozentsatz multipliziert wird.

Beispiel:

Eine Maschine mit Anschaffungskosten von 140.000 € und einer erwarteten Nutzungsdauer von 7 Jahren wird zum 1.1.00 angeschafft. Bei Anwendung der geometrisch-degressiven Abschreibungsmethode ergibt sich bei einem Abschreibungssatz von 20 % folgender Abschreibungsplan:

Geschäftsjahr	Buchwert zu Beginn des Geschäftsjahres (in €)	Abschreibungsbetrag des Geschäftsjahres (in €)	Buchwert am Ende des Geschäftsjahres (in €)
00	140.000	28.000	112.000
01	112.000	22.400	89.600
02	89.600	17.920	71.680
03	71.680	14.336	57.344
04	57.344	11.468,8	45.875,2
05	45.875,2	9.175,04	36.700,16
06	36.700,16	7.340,03	29.360,13

Im Vergleich zum linearen Abschreibungsverfahren führt die geometrisch-degressive Abschreibung in den ersten Jahren zu höheren Abschreibungsbeträgen. Die Gesamtheit aller Aufwendungen für einen abnutzbaren Vermögensgegenstand des Anlagevermögens entwickelt sich gleichmäßiger als bei der linearen Abschreibung, da steigenden Instandhaltungs- und Reparaturaufwendungen sinkende Abschreibungsbeträge gegenüberstehen. Allerdings führt – wie im Beispiel deutlich wird – die geometrisch-degressive Abschreibung nicht zu einem Buchwert von 0. Daher wird in der Praxis bei Anwendung des geometrisch-degressiven Abschreibungsverfahrens in der Regel in dem Geschäftsjahr auf die lineare Abschreibung gewechselt, in dem der Abschreibungsbetrag auf Basis der linearen Abschreibungsmethode über dem Betrag nach geometrisch-degressiver Abschreibung liegt. Bei Zugrundelegen des obigen Beispiels ergibt sich dann folgender Abschreibungsplan:

Geschäftsjahr	Buchwert am Ende des Geschäftsjahres bei geometrisch-degressiver Abschreibung (in €)	Abschreibungsbetrag bei geometrisch-degressiver Abschreibung (in €)	Abschreibungsbetrag bei Wechsel auf lineare Abschreibung (in €)	Buchwert am Ende des Geschäftsjahres nach Wechsel auf lineare Abschreigung (in €)
00	112.000	28.000	20.000	
01	89.600	22.400	18.666,67	
02	71.680	17.920	17.920	71.680
03	57.344	14.336	17.920	53.760
04	45.875,2	11.468,8	17.920	35.840
05	36.700,16	9.175,04	17.920	17.920
06	29.360,13	7.340,03	17.920	0

Das lineare Abschreibungsverfahren führt ab dem Jahr zu einem höheren Abschreibungsbetrag, ab dem der lineare Abschreibungssatz (1/Restnutzungsdauer) höher ist als der degressive Abschreibungssatz. Das Jahr, in dem normalerweise gewechselt wird, lässt sich somit anhand folgender Ungleichung ermitteln:

1 /RND > Abschreibungssatz => 1/ Abschreibungssatz > RND

Für das obige Beispiel gilt somit, dass in dem Jahr gewechselt wird, ab dem die Restnutzungsdauer kleiner als 1/0,2 = 5 Jahre ist. Zu Beginn des Jahres 02 entspricht der degressive Abschreibungssatz genau dem linearen Abschreibungssatz. Somit ergibt sich derselbe Abschreibungsbetrag nach beiden Abschreibungsverfahren. Ab dem darauffolgenden Jahr wird das lineare Abschreibungsverfahren angewendet.

Bei Anwendung der **arithmetisch-degressiven** Abschreibung verringert sich die Jahresabschreibung von Jahr zu Jahr um denselben Betrag (Degressionsbetrag). Der Degressionsbetrag berechnet sich wie folgt:

Abschreibungsvolumen / Summe der Nutzungsjahre

Der Degressionsbetrag im obigen Beispiel beträgt somit 140.000 € / (1+2+3+4+5+6+7) Jahre = 5.000 € / Jahr. Der jährliche Abschreibungsbetrag kann mit folgender Formel berechnet werden:

Degressionsbetrag * (Nutzungsdauer – Anzahl der bereits abgelaufenen Nutzungsjahre)

Der Abschreibungsplan für obiges Beispiel sieht folgendermaßen aus:

Geschäftsjahr	**Buchwert zu Beginn des Geschäftsjahres (in €)**	**Abschreibungsbetrag des Geschäftsjahres (in €)**	**Buchwert am Ende des Geschäftsjahres (in €)**
00	140.000	35.000	105.000
01	105.000	30.000	75.000
02	75.000	25.000	50.000
03	50.000	20.000	30.000
04	30.000	15.000	15.000
05	15.000	10.000	5.000
06	5.000	5.000	0

- Im Falle der **progressiven Abschreibung** wird davon ausgegangen, dass die Wertverringerung zu Beginn der Nutzung des Vermögensgegenstandes gering ist und im Laufe der Nutzungsdauer steigt. Die Abschreibungsentwicklung verläuft umgekehrt zu der bei Anwendung der degressiven Verfahren. Die gesamten Aufwendungen für den Vermögensgegenstand steigen im Verlauf der Nutzungsdauer stark an, da nicht nur die Reparatur- und Instandhaltungsaufwendungen, sondern auch die Abschreibungen zunehmen.

Der **leistungsbedingten Abschreibung** liegt die Annahme zugrunde, dass der Wert eines abnutzbaren Vermögensgegenstandes in dem Maße abnimmt, wie sich das Nutzenpotential verringert. Daher wird die Wertabnahme bei diesem Verfahren entsprechend der Abnahme des Nutzenpotentials, unabhängig vom Alter des Vermögensgegenstandes, ermittelt. Dementsprechend wird zur Erstellung des Abschreibungsplans das gesamte **Nutzenpotential** über die

Nutzungsdauer, z. B. die gesamte Fahrleistung eines LKW, und das in den einzelnen Geschäftsjahren der Nutzungsdauer verbrauchte **Nutzenvolumen**, z. B. die jeweils gefahrenen Kilometer, geschätzt. Der Abschreibungsbetrag berechnet sich dann folgendermaßen: (Abschreibungsvolumen / sämtliche Nutzeneinheiten) * verbrauchte Nutzeneinheiten des Geschäftsjahres.

Beispiel:

Eine Stanzmaschine mit Anschaffungskosten von 140.000 € wird zum 1.1.00 angeschafft. Das Nutzenpotential der Maschine wird auf insgesamt 1 Mio. Stanzvorgänge geschätzt. Der Abschreibungsbetrag je durchgeführtem Stanzvorgang beträgt dann 140.000 € / 1 Mio. Stanzvorgänge = 0,14 € / Stanzvorgang. Folgende Tabelle zeigt die voraussichtliche Verteilung der Stanzvorgänge auf die kommenden Geschäftsjahre und die darauf beruhenden Abschreibungen bei Anwendung des leistungsbedingten Abschreibungsverfahrens:

Geschäftsjahr	Buchwert zu Beginn des Geschäftsjahres (in €)	Anzahl der Stanzvorgänge im Geschäftsjahr	Abschreibungsbetrag des Geschäftsjahres (in €)	Buchwert am Ende des Geschäftsjahres (in €)
00	140.000	90.000	12.600	127.400
01	127.400	110.000	15.400	112.000
02	112.000	170.000	23.800	88.200
03	88.200	200.000	28.000	60.200
04	60.200	200.000	28.000	32.200
05	32.200	160.000	22.400	9.800
06	9.800	70.000	9.800	0

Durch das leistungsbedingte Abschreibungsverfahren wird der Wertverlust eines Vermögensgegenstandes durch Abnahme des Nutzenpotentials abgebildet. Nicht erfasst wird jedoch die Wertverringerung, die auch ohne Nutzung, z. B. durch wirtschaftliche Entwertung eintritt.

Im Handelsrecht existiert keine Vorschrift zur **Zulässigkeit** bestimmter Abschreibungsverfahren. Die GoB werden beachtet, wenn das angewandte Verfahren dem Verlauf der Wertabnahme nicht vollständig widerspricht. Damit sind alle beschriebenen Verfahren für den handelsrechtlichen Jahresabschluss grundsätzlich zulässig. Die Annahme im Falle der progressiven Abschreibung, dass der Wertverlust im Laufe der Nutzung steigt, wird jedoch nur in Ausnahmefällen (Investitionen mit langer Anlaufzeit, z. B. Skilifte in einem neu erschlossenen Skigebiet) gerechtfertigt sein. Eine Kombination mehrerer Methoden, z. B. der linearen und der leistungsbedingten Abschreibungsmethode, gilt für den handelsrechtlichen Jahresabschluss als zulässig.

§ 7 Abs. 1 Satz 1 EStG schreibt für die Steuerbilanz prinzipiell das lineare Abschreibungsverfahren vor. Für bewegliche Wirtschaftsgüter des Anlagevermögens ist auch die leistungsbedingte Abschreibung zulässig, sofern es wirtschaftlich begründet ist. In der Vergangenheit war auch die geometrisch-degressive Abschreibung für bestimmte Zeiträume zugelassen, zuletzt für Vermögenswerte, die zwischen dem 1.1.2009 und dem 31.12.2010 angeschafft wurden. Für Gebäude bestehen besondere Abschreibungsvorschriften.

Für sämtliche Parameter der Berechnung planmäßiger Abschreibungen gilt das Stetigkeitsprinzip. Dennoch können **Änderungen des Abschreibungsplans** gerechtfertigt bzw. notwendig sein, wenn sich z. B. die Schätzung der voraussichtlichen Nutzungsdauer ändert, eine außerplanmäßige Abschreibung vorgenommen werden muss oder sich die Anschaffungs- oder Herstellungskosten nachträglich ändern.

2.2.4.2 Außerplanmäßige Abschreibungen

Frage: Welche Wertminderungen, die nicht planmäßig sind, werden berücksichtigt und anhand welcher Referenzgrößen werden diese Wertminderungen festgestellt?

Ein Vermögensgegenstand kann bzw. muss gegebenenfalls abgeschrieben werden, wenn sein Wert am Bilanzstichtag unter den Anschaffungs- oder Herstellungskosten bzw. unter dem Buchwert (Anschaffungskosten abzüglich kumulierte Abschreibungen) liegt. Es gilt das sogenannte **Niederstwertprinzip**. Das Niederstwertprinzip regelt, in welchen Fällen außerplanmäßige Wertberichtigungen vorgenommen werden.

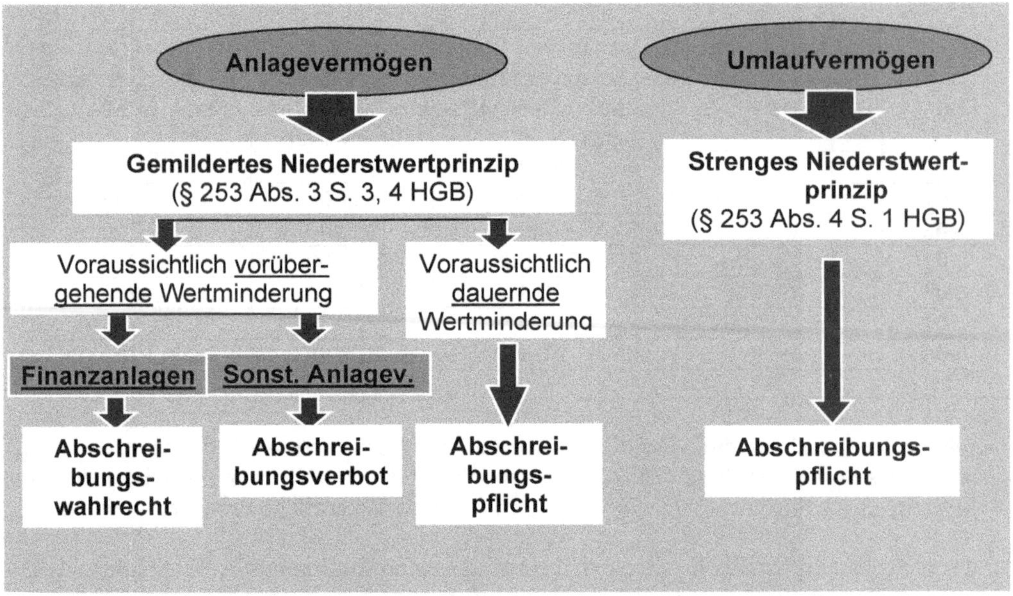

Abb. 2.5: Überblick über das Niederstwertprinzip

Bei **Vermögensgegenständen des Umlaufvermögens** gilt ein **strenges Niederstwertprinzip**, da eine Abwertungspflicht besteht, wenn der Wert am Bilanzstichtag gegenüber den Anschaffungs- oder Herstellungskosten bzw. gegenüber dem Wert in der Vorjahresbilanz gesunken ist (§ 253 Abs. 4 HGB).

Für **Vermögensgegenstände des Anlagevermögens** besteht eine Abschreibungspflicht nur, wenn die Wertminderung voraussichtlich von Dauer ist (§ 253 Abs. 3 Satz 3 HGB). Man kann in diesem Fall von einem **gemilderten Niederstwertprinzip sprechen**. Ist die Wertminderung voraussichtlich nicht von Dauer, besteht für Finanzanlagen ein Abschreibungswahlrecht (§ 253 Abs. 3 Satz 4 HGB). Alle anderen Anlagegegenstände dürfen nicht abgeschrieben werden, wenn die Wertminderung voraussichtlich nicht dauerhaft ist.

Als **Bezugswert für eine außerplanmäßige Abschreibung** nennt das HGB für das Anlagevermögen den Wert, der einem Vermögensgegenstand am Bilanzstichtag beizulegen ist. Zur Prüfung einer Abwertungspflicht für Umlaufvermögen ist zunächst ein Börsen- oder Marktpreis zugrunde zu legen. Nur, wenn ein solcher Preis nicht existiert, ist der beizulegende Wert des Vermögensgegenstandes am Bilanzstichtag maßgeblich. Auch für Anlagevermögen ist davon auszugehen, dass ein Börsen- oder Marktpreis zur Ermittlung des Wertes am Bilanzstichtag heranzuziehen ist, wenn er existiert.

- Bei einem **Börsenpreis** handelt es sich um einen Preis, der an einer Börse bei tatsächlichen Umsätzen festgestellt wurde, korrigiert um Anschaffungsnebenkosten, Preisminderungen bzw. Verkaufsspesen oder Erlösschmälerungen.
- Ein **Marktpreis** ist ein auf einem Markt am relevanten Stichtag für einen entsprechenden Vermögensgegenstand durchschnittlich gezahlter Preis, ebenfalls korrigiert um Anschaffungsnebenkosten, Preisminderungen bzw. Verkaufsspesen oder Erlösschmälerungen.

Ferner ist bei der Ermittlung des beizulegenden Wertes zu beachten, ob es sich um einen Vermögensgegenstand handelt, der im Unternehmen genutzt wird. In diesem Fall sind Preise bei der Beschaffung relevant. Ist der Vermögensgegenstand hingegen zum Verkauf bestimmt, dann ist der Preis auf dem Absatzmarkt heranzuziehen:

- Soll ein Vermögensgegenstand im Unternehmen weiter genutzt werden, können die **Wiederbeschaffungs- bzw. Wiederherstellungskosten** eines entsprechenden Vermögensgegenstandes, ggf. gemindert um fiktive Abschreibungen zur Berücksichtigung des Alters bzw. des Abnutzungsgrades, der Bestimmung des beizulegenden Wertes zugrunde gelegt werden.

Beispiel:

Ein Unternehmen nutzt eine Maschine, die es selbst hergestellt und mit Herstellungskosten von 500.000 € bewertet hat. Die Maschine hat eine Nutzungsdauer von 10 Jahren und wird linear abgeschrieben. Nach zwei Nutzungsjahren hat die Maschine einen Restbuchwert von 400.000 € (Herstellungskosten – Abschreibung für zwei Jahre). Würde die Maschine heute hergestellt, würden aufgrund gesunkener Rohstoffkosten Herstellungskosten von 475.000 € entstehen. Die Wiederherstellungskosten der Maschine unter Berücksichtigung der bereits abgelaufenen Nutzungsdauer betragen 475.000 € - (2 * 47.500 €) = 380.000 €. Die Maschine muss also um 20.000 € auf 380.000 € außerplanmäßig abgeschrieben werden.

- Ist geplant, den Vermögensgegenstand zu veräußern, gilt der **Nettoveräußerungswert** als beizulegender Wert. Der Nettoveräußerungswert ergibt sich aus dem voraussichtlichen Verkaufserlös abzüglich sämtlicher noch anfallender Aufwendungen und Erlösschmälerungen, z. B. bei unfertigen Erzeugnissen die noch zu erwartenden Herstellungskosten, Verpackungskosten und Transportkosten oder bei einer Anlage, die verkauft werden soll, Kosten der Demontage und Transportkosten. Die Bewertung mit dem Nettoveräußerungserlös entspricht dem **Prinzip der verlustfreien Bewertung**.

Beispiel:

Eine Maschine mit einem Restbuchwert von 200.000 € soll im nächsten Geschäftsjahr verkauft werden. Mit dem Käufer ist vertraglich ein Nettopreis von 250.000 € vereinbart worden. Für die Demontage der Maschine, den Transport und die Aufstellung beim Käufer werden Aufwendungen von 55.000 € netto anfallen. Der Nettoveräußerungswert beträgt damit 250.000 € (Verkaufserlös) – 55.000 € (noch anfallende Aufwendungen) =

195.000 €. Der Buchwert zum Bilanzstichtag von 200.000 € liegt über dem Nettoveräußerungswert. Die Maschine muss daher um 5.000 € auf 195.000 € außerplanmäßig abgeschrieben werden.

- Wenn es sich um einen Vermögensgegenstand handelt, der nicht häufig ge- oder verkauft wird (z. B. eine Beteiligung an einer GmbH), so dass weder Beschaffungs- noch Veräußerungswerte ermittelbar sind, kann der **Ertragswert**, also der Barwert künftiger Einzahlungsüberschüsse, als beizulegender Wert gelten.

Beispiel:

Für die Beteiligung an einer GmbH hat ein Unternehmen 200.000 € bezahlt. Anteile an dieser GmbH wurden in jüngster Zeit nicht verkauft, so dass kein Marktpreis ermittelt werden kann. In den vergangenen Jahren hat das Unternehmen aus der Beteiligung alljährlich eine Ausschüttung von 25.000 € erhalten. Leider hat sich die Ertragslage der GmbH im vergangenen Geschäftsjahr verschlechtert und es ist in absehbarere Zukunft nicht mit einer Verbesserung zu rechnen. Das Unternehmen geht bis auf Weiteres von einer jährlichen Ausschüttung von 15.000 € aus. Eine adäquate Verzinsung einer solchen Investition liegt für das Unternehmen bei 12 %. Unter Annahme einer ewigen Rente ergibt sich somit ein Ertragswert von 15.000 € / 0,12 = 125.000 €. Das Unternehmen muss die Beteiligung um 75.000 € auf 125.000 € außerplanmäßig abschreiben.

In der Praxis wird der beizulegende Wert großer Lagerbestände häufig durch sogenannte **Gängigkeitsabschläge** ermittelt (vgl. Schubert / Roscher in Beck'scher Bilanzkommentar 2014, § 253 Anm. 529 ff., 554 ff.). Dabei gibt nicht ein gesunkener Wiederbeschaffungs- oder Veräußerungswert den Hinweis auf die Wertminderung, sondern geringe Lagerbewegungen im Verhältnis zum Lagerbestand. Durch Abschläge in Abhängigkeit der Umschlagshäufigkeit werden z. B. Qualitätsminderungen oder technische Veralterung der Vermögensgegenstände aufgrund von Lagerung berücksichtigt.

Gem. § 277 Abs. 3 S. 1 HGB sind außerplanmäßige Abschreibungen auf das Anlagevermögen und auf das Umlaufvermögens jeweils gesondert in der GuV auszuweisen oder im Anhang anzugeben.

Entfällt der Grund für eine außerplanmäßige Abschreibung, z. B., weil der beizulegende Wert wieder steigt, besteht für sämtliche Rechtsformen gem. § 253 Abs. 5 HGB eine **Zuschreibungspflicht**. Die Wertobergrenze für eine Wertaufholung bilden gem. § 253 Abs. 1 Satz 1 HGB

- bei abnutzbaren Anlagegegenständen die fortgeführten Anschaffungs- oder Herstellungskosten,
- bei nicht abnutzbaren Anlagegegenständen und Vermögensgegenständen des Umlaufvermögens die Anschaffungs- oder Herstellungskosten.

2.2.5 Abweichungen vom Grundsatz der Einzelbewertung

Frage: Unter welchen Voraussetzungen kann vom Grundsatz der Einzelbewertung abgewichen werden?

Die §§ 240 Abs. 1 und 252 Abs. 1 Nr. 3 HGB bestimmen, dass Vermögensgegenstände und Schulden grundsätzlich einzeln zu bewerten sind (Grundsatz der Einzelbewertung; s. Abschnitt 1.4.2). Der Gesetzgeber lässt jedoch in einigen Fällen die Missachtung dieses Grundsatzes zu. Im Folgenden werden die Bewertung mit dem gewogenen Durchschnitt, die Bildung von Bewertungseinheiten und die Bildung eines Sonderpostens gem. § 6 Abs. 2a EStG erläutert. Auf weitere Abweichungen vom Grundsatz der Einzelbewertung wird in späteren Kapiteln näher eingegangen.

2.2.5.1 Bewertung mit dem gewogenen Durchschnitt

Frage: Welche Vermögensgegenstände können mit einem gewogenen Durchschnitt bewertet werden und wie wird die Bewertung durchgeführt?

Folgende Vermögensgegenstände können zusammen mit einem **gewogenen Durchschnittswert** bewertet werden:

- **Gleiche Vermögensgegenstände** (z. B. zu unterschiedlichen Zeitpunkten erworbene Bleche, die in ihrer Beschaffenheit (Dicke, Größe, Qualität usw.) genau gleich sind)
- **Gleichartige Vermögensgegenstände des Vorratsvermögens** und **gleichartige oder gleichwertige bewegliche Vermögensgegenstände und Schulden** (§ 240 Abs. 4 HGB, sog. **Gruppenbewertung**). Gleichartigkeit ergibt sich aus der Zugehörigkeit zur gleichen Warengattung (z. B. Bleche unterschiedlicher Beschaffenheit) oder der Erfüllung einer gleichen Funktion (z. B. unterschiedliche Klebstoffe). Ob Gleichartigkeit auch annähernde Preisgleichheit voraussetzt, ist umstritten (vgl. Winnefeld 2006, B. 181; ADS 1995, § 240 Tz. 121 m.w.N.). Auch gleichwertige (Preisunterschied ≤ 20 %) bewegliche Vermögensgegenstände und Schulden dürfen nicht zusammen bewertet werden, wenn sie vollständig verschiedenartig sind. Stühle und ein Reifen dürfen z. B. nicht zu einer Gruppe zusammengefasst werden, auch wenn sie zufällig den gleichen Stückpreis haben.

Der gewogene Durchschnittswert gemeinsam bewerteter Vermögensgegenstände und Schulden kann als einfacher periodischer oder gleitender Durchschnittwert berechnet werden. Bei dem **einfachen Periodendurchschnitt** wird der Durchschnittswert gebildet, indem der Wert des Anfangsbestandes der Periode und der Wert der Zugänge addiert und durch die Gesamtmenge geteilt werden. Der gesamte Abgang der Periode wird mit dem so errechneten Durchschnittswert bewertet. Im Falle der **gleitenden Durchschnittsbildung** wird vor jedem Abgang der Durchschnittswert des Bestandes ermittelt und der Abgang auf dieser Basis bewertet.

Beispiel:
Folgende Tabelle enthält die Daten über den Bestand, die Zugänge und die Abgänge eines Rohstoffes:

	Menge in kg	Preis in €/kg
Anfangsbestand	1.000	50
Abgang	-600	
Zugang	+500	60
Abgang	-450	
Zugang	+500	64
Abgang	-400	

Wird mit einem **periodischen Durchschnittswert** bewertet, errechnen sich folgende Werte für den Abgang und den Endbestand:
(1.000 kg * 50 €/kg + 500 kg * 60 €/kg + 500 kg * 64 €/kg) / (1.000 kg + 500 kg + 500 kg) = 56 €/kg.
Wert des Abgangs: (600 kg + 450 kg + 400 kg) * 56 €/kg = **81.200 €**
Wert des Endbestandes: (1.000 kg + 1.000 kg – 1.450 kg) * 56 €/kg = **30.800 €**

Bei Anwendung eines gleitenden Durchschnitts errechnen sich Abgang und Endbestand wie folgt:

	Menge in kg	Preis in €/kg	Wert in €
Anfangsbestand	**1.000**	**50**	**50.000**
Abgang	-600	50	-30.000
Zugang	+500	60	+ 30.000
Bestand	**=900**	**50.000 / 900 = 55,56**	**= 50.000**
Abgang	-450	55,56	-25.000
Zugang	+500	64	+32.000
Bestand	**950**	**57.000 / 950 = 60**	**57.000**
Abgang	-400	60	-24.000
Endbestand	**550**	**33.000 / 550 = 60**	**33.000**

Bei der **Bewertung des Endbestandes** muss das **Niederstwertprinzip** beachtet werden. Beträgt im obigen Beispiel der Preis je kg am Bilanzstichtag z. B. 57 €/kg, liegt der beizulegende Wert am Bilanzstichtag bei Bewertung mit dem periodischen Durchschnittswert um 1 € / kg über, bei Bewertung mit dem gleitenden Durchschnittswert um 3 €/ kg unter dem Buchwert. Da es sich bei Rohstoffen um Umlaufvermögen handelt, muss folglich gemäß dem strengen Niederstwertprinzip (§ 253 Abs. 4 S. 1 HGB) bei Anwendung des gleitenden Durchschnitts eine außerplanmäßige Abschreibung auf 550 kg * 57 € / kg = 31.350 € durchgeführt werden.

Die Bewertung mit dem gewogenen Durchschnitt ist auch in der Steuerbilanz zulässig (zur Bewertung des Vorratsvermögens mit dem gewogenen Durchschnitt s. R 6.8 Abs. 4 EStR).

2.2.5.2 Bildung von Bewertungseinheiten

Frage: Welche Problematik liegt der Bildung von Bewertungseinheiten zugrunde?

Zur Absicherung von Zins-, Währungs- und Ausfallrisiken, denen Vermögensgegenstände, Schulden, schwebende Geschäfte oder mit hoher Wahrscheinlichkeit erwartete Transaktionen unterliegen können, werden häufig Finanzinstrumente erworben oder Warentermingeschäfte abgeschlossen.

Beispiel:
Die International AG mit Sitz in Deutschland nimmt am 1.12.00 bei einer Bank in New York einen Kredit über 1 Mio. US$ mit einer Laufzeit von drei Jahren auf. Der Kurs am 1.12.00 beträgt 0,77 € / US$. Zur Absicherung des Währungsrisikos schließt die International AG ein Devisentermingeschäft ab und vereinbart mit ihrem Vertragspartner den Kauf von 1 Mio. US$ am 1.12.03 zu einem Kurs von 0,77 € / US$.

Bis zur Verabschiedung des BilMoG schrieb das HGB grundsätzlich vor, das Basisgeschäft – im Beispiel der Kredit – und das Sicherungsgeschäft – im Beispiel das Devisentermingeschäft – einzeln zu bewerten und dabei das Anschaffungswert- und das Imparitätsprinzip zu beachten.

Beispiel (Fortsetzung):
Am 31.12.00 beträgt der Wechselkurs 0,8 € / US$. Damit ist der Wert des Kredits von (1 Mio. US$ * 0,77 € / US$ =) 770.000 € im Zeitpunkt der Aufnahme auf (1 Mio. US$ * 0,8 € / US$ =) 800.000 € gestiegen. Aufgrund des Höchstwertprinzips auf der Passivseite ist der Kredit in der Bilanz für das Geschäftsjahr mit 800.000 € zu bewerten und die Differenz zu dem Wert bei der Aufnahme aufwandswirksam zu erfassen. Der Wert des Devisentermingeschäfts hat sich aus Sicht der International AG hingegen positiv entwickelt, da sie am 1.12.03 für 770.000 € US$ kaufen wird, die sie - sofern sich der Kurs nicht ändert - für 800.000 € wieder verkaufen kann.

Im vorliegenden Beispiel gleichen sich der noch nicht realisierte Gewinn aus dem Devisentermingeschäft und der Währungsverlust aus dem Kreditgeschäft vollständig aus. Folgt man jedoch den GoB, darf der Gewinn noch nicht erfasst werden. Die wirtschaftliche Lage des Unternehmens wird damit falsch dargestellt, denn aufgrund des Sicherungsgeschäfts wird das Unternehmen aus der Wechselkursentwicklung weder einen Gewinn noch einen Verlust erwirtschaften.

Frage: Wie werden Sicherungsbeziehungen bilanziert, damit die wirtschaftliche Lage des Unternehmens zutreffend dargestellt wird?

In der Praxis wurden bereits in den vergangenen Jahren bei Vorliegen solcher Sicherungsbeziehungen **Bewertungseinheiten aus Grundgeschäften und Sicherungsinstrumenten** gebildet und **als Gesamtheit bewertet**. Diese Vorgehensweise wurde durch das BilMoG gesetzlich verankert, indem nun gem. § 254 HGB für die Rechnungslegung von Sicherungsbeziehungen

- die Pflicht zur Rückstellungsbildung gem. § 249 Abs. 1 HGB (s. Abschnitt 2.8.1),
- der Grundsatz der Einzelbewertung (§ 252 Abs. 1 Nr. 3 HGB),
- das Vorsichtsprinzip, das Realisationsprinzip und das Niederstwertprinzip (§ 252 Abs. 1 Nr. 4 HGB),
- das Anschaffungswertprinzip (§ 253 Abs. 1 S. 1 HGB) und
- die diesen Grundsätzen entsprechende Regelung zur Währungsumrechnung gem. § 256a HGB

in dem Umfang und für den Zeitraum außer Kraft gesetzt werden, in dem die gegenläufigen Wertänderungen oder Zahlungsströme aus dem Grund- oder Sicherungsgeschäft sich ausgleichen.

Zur Bilanzierung der Bewertungseinheiten können entweder die Wertanteile des Grundgeschäfts und des Sicherungsgeschäfts, deren Entwicklungen sich gegenseitig ausgleichen, konstant gesetzt werden (**Einfrierungsmethode**) oder die Wertänderungen werden jeweils gebucht (**Durchbuchungsmethode**).

Beispiel (Fortsetzung):
Der Kredit und das Devisentermingeschäft bilden eine Bewertungseinheit gem. § 254 HGB. Das Währungsrisiko ist zu 100 % abgesichert. Bei Anwendung der Einfrierungsmethode bilanziert die International AG den Kredit zum 31.12.00 unverändert mit 770.000 €. Wendet die International AG die Durchbuchungsmethode an, bewertet sie den Kredit zum 31.12.00 mit 800.000 € und bilanziert das Devisentermingeschäft als Vermögensgegenstand mit 30.000 €. Dabei erfasst sie sowohl einen Aufwand als auch einen Ertrag in Höhe von 30.000 €.

Im Fall der Bilanzierung von Bewertungseinheiten muss gem. § 285 Satz 1 Nr. 23 HGB im Anhang oder im Lagebericht Folgendes angegeben werden:

- mit welchem Betrag jeweils Vermögensgegenstände, Schulden, schwebende Geschäfte und mit hoher Wahrscheinlichkeit erwartete Transaktionen zur Absicherung welcher Risiken in welche Arten von Bewertungseinheiten einbezogen sind und die Höhe der abgesicherten Risiken,
- für die jeweils abgesicherten Risiken: warum, in welchem Umfang und für welchen Zeitraum sich die gegenläufigen Wertänderungen oder Zahlungsströme künftig voraussichtlich ausgleichen werden einschließlich der Methode der Ermittlung und
- eine Erläuterung der mit hoher Wahrscheinlichkeit erwarteten Transaktionen, die in Bewertungseinheiten einbezogen wurden.

2.2.5.3 Bildung eines Sonderpostens gem. § 6 Abs. 2a EStG

Frage: Was ist ein Sonderposten gem. § 6 Abs. 2a EStG und wie ist er zu bilanzieren?

In der Steuerbilanz kann gem. § 6 Abs. 2a EStG für abnutzbare bewegliche selbständig nutzbare Wirtschaftsgüter des Anlagevermögens, deren Anschaffungs- oder Herstellungskosten jeweils netto mehr als 150 € aber nicht mehr als 1000 € betragen, im Wirtschaftsjahr des Zugangs ein Sammelposten gebildet werden. Dieser Sammelposten ist über 5 Jahre, beginnend mit dem Zugangsjahr, linear abzuschreiben. Damit werden diese Wirtschaftsgüter nicht mehr einzeln, sondern gemeinsam bewertet. Abgänge innerhalb der fünfjährigen Abschreibungsdauer sind nicht zu berücksichtigen.

Beispiel:
Die A AG erwirbt am 2.2.00 einen PC für 300 € netto und einen Drucker für 200 € netto. Im Juni kauft sie 6 neue Bürostühle für jeweils 200 € netto. Im Dezember wird ein Aktenschrank für 400 € angeschafft. Wie sind die Vermögenswerte in 00 und in den Folgejahren zu bewerten? Bei der A AG werden PCs und Drucker in der Regel drei Jahre, Bürostühle 5 Jahre und Aktenschränke 10 Jahre lang genutzt. Die A AG schreibt ihr Anlagevermögen linear über die voraussichtliche Nutzungsdauer ab.

Wird in der Handelsbilanz der A AG analog zu § 6 Abs. 2a EStG vorgegangen, werden die in 00 erworbenen Vermögenswerte zu einem Sammelposten zusammengefasst und gemeinsam wie folgt bilanziert:

	00	01	02	03	04
Buchwert des Sammelpostens zum Geschäftsjahresende (in €)	1.680	1.260	840	420	0
Abschreibungen (in €)	420	420	420	420	420

Es ist unerheblich, wann im Geschäftsjahr die einzelnen Vermögenswerte erworben wurden und wie lange die Vermögenswerte jeweils genutzt werden.

Trotz des Verstoßes gegen GoB (Grundsatz der Einzelbewertung, ggf. Grundsatz der Vollständigkeit) kann der Sonderposten aufgrund des Grundsatzes der Wesentlichkeit auch in der Handelsbilanz gebildet werden.

Der Gesetzgeber lässt weitere Abweichungen vom Prinzip der Einzelbewertung zu:

- Bewertung mit einem **Festwert** gem. § 240 Abs. 3 HGB für Sachanlagevermögen (s. Abschnitt 2.4.2) und Roh-, Hilfs- und Betriebsstoffe (s. Abschnitt 2.5.1)
- Anwendung von **Verbrauchsfolgeverfahren** gem. § 256 Satz 1 HGB für Vorräte (s. Abschnitt 2.5.1)
- Berücksichtigung des Ausfallrisikos einer Gesamtheit von Forderungen durch Bildung einer Pauschalwertberichtigung (s. Abschnitt 2.5.2)
- Die Bildung einer gemeinsamen Rückstellung für gleichartige Sachverhalte (s. Abschnitt 2.8.1)

2.3 Gliederung der Bilanz

Frage: Nach welchen Prinzipien kann eine Bilanz gegliedert werden?

Eine Bilanz sollte systematisch gegliedert sein, damit der Leser die Vermögens- und Finanzsituation des Unternehmens zum Bilanzstichtag leichter erkennen kann. Eine Gliederung ist nach unterschiedlichen **Prinzipien** möglich, z. B. nach dem

- **Liquiditätsgliederungsprinzip**: Gliederung der
  - Aktiva nach ihrer Liquidierbarkeit,
  - Passiva nach ihrer Fälligkeit.
- **Ablaufgliederungsprinzip**: Gliederung nach dem Ablauf des Unternehmensprozesses (z. B. die Vorräte in Roh- Hilf- und Betriebsstoffe, unfertige Erzeugnisse und fertige Erzeugnisse).
- Prinzip der **Gliederung nach Rechtsverhältnissen**: Zusammenstellung von Bilanzpositionen nach ihrer Rechtsposition (z. B. Eigenkapital und Fremdkapital).

Alle drei beschriebenen Gliederungsprinzipien finden in den Vorschriften des HGB ihren Niederschlag, insbesondere das Liquiditätsgliederungsprinzip.

Frage: Wie muss eine Bilanz nach den Vorschriften des HGB gegliedert sein?

Für alle Unternehmen gilt in Bezug auf die Gliederung der Grundsatz der Klarheit und der Übersichtlichkeit (§ 243 Abs. 2 HGB). Anlage- und Umlaufvermögen, Eigenkapital, Schulden und Rechnungsabgrenzungsposten sind nach § 247 Abs. 1 HGB gesondert auszuweisen und hinreichend aufzugliedern.

Kapitalgesellschaften und bestimmte Personenhandelsgesellschaften haben darüber hinaus ein (Mindest-) Gliederungsschema für die Bilanz (§ 266 HGB) und für die GuV (§ 275 HGB; s. Abschnitt 3.1) anzuwenden (s. Abb. 2.6 auf den folgenden zwei Seiten). Kleine Kapitalgesellschaften können im Falle der Bilanz auf den Ausweis der mit arabischen Ziffern gekennzeichneten Positionen verzichten. Kleinstkapitalgesellschaften müssen lediglich die mit Buchstaben bezeichneten Posten gesondert ausweisen (§ 266 Abs. 1 S. 2 und 3 HGB).

Für Kapitalgesellschaften und bestimmte Personenhandelsgesellschaften ist das **Stetigkeitsgebot** hinsichtlich der Form der Darstellung der Bilanz, insbesondere der Gliederung, im Gesetz verankert (§ 265 Abs. 1 HGB). Ferner müssen Unternehmen dieser Rechtsformen zu jedem Posten Vorjahreswerte ausweisen (§ 265 Abs. 2 HGB). Es besteht die Möglichkeit, im Gliederungsschema angegebene Positionen weiter zu untergliedern oder weitere Posten aufzunehmen, deren Inhalt durch die im Gliederungsschema vorgeschriebenen Posten nicht gedeckt ist (§ 265 Abs. 5 HGB). Viele Unternehmen nehmen die Möglichkeit in Anspruch, die Posten mit arabischen Zahlen zusammenzufassen und die Aufgliederung im Anhang vorzunehmen. Wenn der Betrag nicht wesentlich ist, kann eine Aufgliederung auch unterbleiben (§ 265 Abs. 7 HGB).

Die Eigenkapitalbestandteile bestimmter Personenhandelsgesellschaften gem. § 264a HGB weichen von denen der Kapitalgesellschaften zum Teil ab. Kapitalanteile von persönlich haftenden und von nicht persönlich haftenden Gesellschaftern werden auf den grundsätzlich variablen Kapitalkonten der Gesellschafter festgehalten. Rücklagen werden nur aufgrund gesellschaftsrechtlicher Vereinbarungen gebildet. Dementsprechend ist das Eigenkapital von bestimmten Personenhandelsgesellschaften gem. § 264c Abs. 2 HGB wie folgt auszuweisen:

I. Kapitalanteile
II. Rücklagen
III. Gewinnvortrag / Verlustvortrag
IV. Jahresüberschuss / Jahresfehlbetrag.

Aktivseite

A. Anlagevermögen

I. Immaterielle Vermögensgegenstände:
1. Selbstgeschaffene gewerbliche Schutzrechte und ähnliche Rechte und Werte;
2. entgeltlich erworbene Konzessionen, gewerbliche Schutzrechte und ähnliche Rechte und Werte sowie Lizenzen an solchen Rechten und Werten;
3. Geschäfts- oder Firmenwert;
4. geleistete Anzahlungen;

II. Sachanlagen:
1. Grundstücke, grundstücksgleiche Rechte und Bauten einschließlich der Bauten auf fremden Grundstücken;
2. technische Anlagen und Maschinen;
3. andere Anlagen, Betriebs- und Geschäftsausstattung;
4. geleistete Anzahlungen und Anlagen im Bau;

III. Finanzanlagen:
1. Anteile an verbundenen Unternehmen;
2. Ausleihungen an verbundene Unternehmen;
3. Beteiligungen;
4. Ausleihungen an Unternehmen, mit denen ein Beteiligungsverhältnis besteht;
5. Wertpapiere des Anlagevermögens;
6. sonstige Ausleihungen.

B. Umlaufvermögen

I. Vorräte:
1. Roh-, Hilfs- und Betriebstoffe;
2. unfertige Erzeugnisse, unfertige Leistungen;
3. fertige Erzeugnisse und Waren;
4. geleistete Anzahlungen;

II. Forderungen und sonstige Vermögensgegenstände:
1. Forderungen aus Lieferungen und Leistungen;
2. Forderungen gegen verbundene Unternehmen;
3. Forderungen gegen Unternehmen, mit denen ein Beteiligungsverhältnis besteht;
4. sonstige Vermögensgegenstände;

III. Wertpapiere
1. Anteile an verbundenen Unternehmen;
2. sonstige Wertpapiere;

IV. Kassenbestand, Bundesbankguthaben, Guthaben bei Kreditinstituten und Schecks.

C. Rechnungsabgrenzungsposten.

D. Aktive latente Steuern.

E. Aktiver Unterschiedsbetrag aus der Vermögensverrechnung

Abb. 2.6a: Bilanzgliederungsschema Aktivseite nach § 266 Abs. 2 HGB

Passivseite

A. Eigenkapital:

I. Gezeichnetes Kapital;
II. Kapitalrücklage;
III. Gewinnrücklagen:
  1. gesetzliche Rücklage;
  2. Rücklage für Anteile an einem herrschenden oder mehrheitlich beteiligten Unternehmen;
  3. satzungsmäßige Rücklage;
  4. andere Gewinnrücklagen;
IV. Gewinnvortrag/Verlustvortrag;
V. Jahresüberschuss/Jahresfehlbetrag.

B. Rückstellungen:

1. Rückstellungen für Pensionen und ähnliche Verpflichtungen;
2. Steuerrückstellungen;
3. sonstige Rückstellungen.

C. Verbindlichkeiten:

1. Anleihen, davon konvertibel;
2. Verbindlichkeiten gegenüber Kreditinstituten;
3. erhaltenen Anzahlungen auf Bestellungen;
4. Verbindlichkeiten aus Lieferungen und Leistungen;
5. Verbindlichkeiten aus der Annahme gezogener Wechsel und der Ausstellung eigener Wechsel;
6. Verbindlichkeiten gegenüber verbundenen Unternehmen;
7. Verbindlichkeiten gegenüber Unternehmen mit denen ein Beteiligungsverhältnis besteht;
8. sonstige Verbindlichkeiten, davon aus Steuern, davon im Rahmen der sozialen Sicherheit.

D. Rechnungsabgrenzungsposten.

E. Passive latente Steuern.

Abb. 2.6b: Bilanzgliederungsschema Passivseite nach § 266 Abs. 3 HGB

2.4 Bilanzierung des Anlagevermögens

Frage: Was ist Anlagevermögen?

Anlagevermögen sind die **Vermögensgegenstände** eines Unternehmens, „**die bestimmt sind, dauernd dem Geschäftsbetrieb zu dienen**“ (§ 247 Abs. 2 HGB). Entscheidend ist nicht die Art des Gegenstandes, sondern seine Verweildauer im Unternehmen. Wird ein Kraftfahrzeug während mehrerer Geschäftsjahre im Unternehmen genutzt, gehört es zum Anlagevermögen, soll es verkauft werden, wird es im Umlaufvermögen bilanziert.

Gem. § 266 Abs. 2 HGB müssen Kapitalgesellschaften ihr Anlagevermögen in drei große Gruppen unterteilen:

- Immaterielle Vermögensgegenstände
- Sachanlagen
- Finanzanlagen

2.4.1 Immaterielle Vermögensgegenstände

Frage: Was sind immaterielle Vermögensgegenstände?

Im Gegensatz zu anderen Vermögensgegenständen sind immaterielle Vermögensgegenstände nicht körperlich. Hierzu gehören insbesondere Rechte, wie z. B. Patente, Warenzeichen oder Konzessionen, aber auch ungeschützte Erfindungen und Know-how. Problematisch ist die Zuordnung eines Vermögensgegenstandes zu einer der beiden Gruppen „materiell“ und „immateriell“, wenn er aus materiellen und immateriellen „Teilen“ besteht. Software ist bspw. Wissen, das immateriell ist, das aber auf einem Datenträger gespeichert wird. Der Datenträger ist materiell. Ein solcher Vermögensgegenstand wird nicht aufgespalten, sondern als Ganzes der Gruppe zugeordnet, deren Merkmal er größtenteils erfüllt. Kriterium ist hierfür in der Regel das Verhältnis der Produktionskosten des materiellen und des immateriellen Teils. Eine Software wird daher in der Regel unter den immateriellen Vermögensgegenständen bilanziert.

Frage: In welchen Fällen werden immaterielle Vermögensgegenstände des Anlagevermögens aktiviert und wie sind sie in der Bilanz einer Kapitalgesellschaft auszuweisen?

Immaterielle Vermögensgegenstände des Anlagevermögens müssen aufgrund des Vollständigkeitsgebotes gem. 246 Abs. 1 HGB grundsätzlich **aktiviert werden**.

Das Gliederungsschema gem. § 266 HGB unterscheidet

- Selbstgeschaffene gewerbliche Schutzrechte und ähnliche Rechte und Werte,
- Entgeltlich erworbene Konzessionen, gewerbliche Schutzrechte und ähnliche Rechte und Werte sowie Lizenzen an solchen Rechten und Werten,
- Geschäfts- oder Firmenwert und
- Geleistete Anzahlungen.

Damit werden die Firmenwerte und die Anzahlungen des Unternehmens für immaterielle Vermögensgegenstände des Anlagevermögens, die es in einem künftigen Geschäftsjahr erwerben wird, von den übrigen Positionen getrennt. Letztere werden wiederum in selbstgeschaffene und in erworbene Rechte und Werte unterteilt.

Frage: Welche Besonderheiten bestehen bei einer Aktivierung von selbstgeschaffenen immateriellen Vermögensgegenständen des Anlagevermögens?

Bis zur Verabschiedung des BilMoG galt für selbsterstellte immaterielle Vermögensgegenstände des Anlagevermögens ein Aktivierungsverbot. Es beruhte darauf, dass das Bestehen eines immateriellen Vermögensgegenstandes aufgrund der fehlenden Körperlichkeit z. T. schwer nachzuprüfen ist. Auch die Herstellungskosten sind schwerer zu ermitteln als bei einem materiellen Gegenstand, da möglicherweise nicht eindeutig festgestellt werden kann, wann die Herstellung des Vermögenswertes beginnt.

Aufgrund der wachsenden Bedeutung immaterieller Vermögensgegenstände für die wirtschaftliche Lage von Unternehmen **dürfen** jedoch nun **auch selbstgeschaffene Rechte und Werte aktiviert werden**. Die Prüfung, ob tatsächlich ein Vermögensgegenstand vorliegt, ist wegen der Unkörperlichkeit besonders wichtig (s. zur Definition eines Vermögensgegenstandes Abschnitt 2.1).

Gem. § 255 Abs. 2a HGB dürfen für selbsterstellte immaterielle Vermögensgegenstände des Anlagevermögens keine Forschungs-, sondern **nur Entwicklungskosten** aktiviert werden. In der Praxis lässt sich nicht immer einfach feststellen, wann noch geforscht und wann bereits entwickelt wird. § 255 Abs. 2a Satz 3 HGB definiert Forschung als „eigenständige und planmäßige Suche nach neuen wissenschaftlichen oder technischen Erkenntnissen oder Erfahrungen allgemeiner Art, über deren technische Verwertbarkeit und wirtschaftliche Erfolgsaussichten grundsätzlich keine Aussagen gemacht werden können." Im Rahmen der Entwicklung wird hingegen durch Forschung erlangtes oder bereits vorher vorhandenes Wissen für die Neu- oder Weiterentwicklung von Gütern oder Verfahren angewandt. Kann die Entwicklung eines immateriellen Vermögensgegenstandes noch nicht eindeutig von der Forschung getrennt festgestellt werden, dürfen keine Aufwendungen aktiviert werden.

Ein immaterieller Vermögensgegenstand des Anlagevermögens kann auch dann aktiviert werden, wenn er am Bilanzstichtag noch nicht fertig, sondern in der Entwicklung ist. Voraussetzung ist, dass mit hoher Wahrscheinlichkeit davon ausgegangen werden kann, dass die Entwicklung tatsächlich zu einem immateriellen Vermögensgegenstand führt.

Erträge aus der Aktivierung selbst geschaffener immaterieller Vermögensgegenstände des Anlagevermögens unterliegen gem. § 268 Abs. 8 HGB einer **Ausschüttungssperre**. Das bedeutet, dass eine Kapitalgesellschaft nur Gewinne ausschütten darf, wenn in Höhe der aktivierten Position abzüglich der darauf gebildeten passiven latenten Steuern (s. Abschnitt 2.10) frei verfügbare Rücklagen abzüglich eines Verlustvortrags oder zuzüglich eines Gewinnvortrags bestehen. Der selbst geschaffenen Vermögensposition auf der Aktivseite müssen auf der Passivseite frei verfügbares Eigenkapital und passive latente Steuern in gleicher Höhe gegenüberstehen. Damit wird der Möglichkeit Rechnung getragen, dass sich ein solcher Vermögensgegenstand im Konkursfall nicht verwerten lässt und dann nicht der Begleichung von Verbindlichkeiten dienen kann.

Für folgende selbsterstellte immaterielle Vermögensgegenstände des Anlagevermögens besteht gem. § 248 Abs. 2 S. 2 HGB weiterhin ein **Ansatzverbot**:

- Marken,
- Drucktitel,
- Verlagsrechte,
- Kundenlisten und

- vergleichbare immaterielle Vermögensgegenstände des Anlagevermögens.

Bei diesen Vermögenswerten lassen sich die Herstellungskosten häufig nicht eindeutig zurechnen, das heißt, es kann nicht festgestellt werden, ob Aufwendungen z. B. für den Aufbau einer Marke oder für die gesamte Geschäftstätigkeit des Unternehmens und damit für das Unternehmen als Ganzes angefallen sind.

Gem. § 285 Nr. 22 HGB müssen Unternehmen, die einen Anhang erstellen und die selbsterstellte immaterielle Vermögensgegenstände des Anlagevermögens aktivieren, im Anhang den Gesamtbetrag der Forschungs- und der Entwicklungskosten des Geschäftsjahres und den davon auf die selbst geschaffenen immateriellen Vermögensgegenstände des Anlagevermögens entfallenden Betrag angeben.

In der **Steuerbilanz** besteht für selbst geschaffene immaterielle Wirtschaftsgüter des Anlagevermögens gem. § 5 Abs. 2 EStG ein **Ansatzverbot**.

Frage: Was ist ein Firmenwert?

Ein Firmenwert ist **der Betrag, um den der Wert des Unternehmens den Wert des Reinvermögens** (= Vermögen – Fremdkapital) **bzw. des Eigenkapitals übersteigt**. Er umfasst viele Sachverhalte, die den Wert eines Unternehmens bestimmen, aber nicht als Vermögenswert aktiviert werden können, z. B. die Qualität der Mitarbeiter, die Position am Markt und damit künftige Absatzchancen und Erträge.

Ein Firmenwert ist kein Vermögensgegenstand, da er nicht einzeln veräußerbar ist, er besteht nur im Zusammenhang mit dem gesamten Unternehmen. Ein selbst erstellter, „**originärer**" **Firmenwert** darf daher nicht in der Bilanz angesetzt werden.

Gem. § 246 Abs. 1 Satz 4 HGB gilt jedoch ein entgeltlich erworbener, „derivativer" Geschäfts- oder Firmenwert als zeitlich begrenzt nutzbarer Vermögensgegenstand, der gem. dem Vollständigkeitsgebot nach § 246 Abs. 1 Satz 1 HGB zu aktivieren ist. Ein mit dem Kauf eines Unternehmens **erworbener Firmenwert** wird im Rahmen eines Unternehmenskaufs durch die Bezahlung des Kaufpreises zumindest einzeln bewertet.

Beispiel:

Die X AG kauft das Einzelunternehmen Fritz Fröhlich im Rahmen eines sogenannten asset deals, d. h., das Unternehmen wird durch die Übernahme der einzelnen Vermögensgegenstände und Schulden erworben. Die Vermögensgegenstände und die Schulden von Fritz Fröhlich werden nicht zu ihrem Buchwert, sondern zu ihrem Wert zum Zeitpunkt des Kaufs (Zeitwert) in den Jahresabschluss der X AG übernommen. Es liegt die Annahme zugrunde, dass jeder Vermögensgegenstand einzeln gekauft wurde. Das bedeutet, dass z. B. auch selbsterstellte immaterielle Vermögensgegenstände des Anlagevermögens, die Fritz Fröhlich nicht aktiviert hatte, in der Bilanz der X AG aktiviert werden müssen, da sie von der X AG erworben wurden.

Die X AG bezahlt 1 Mio. € für Fritz Fröhlich. Der Zeitwert des Reinvermögens (Vermögen – Fremdkapital) von Fritz Fröhlich beträgt 850.000 €. Damit hat die X AG 150.000 € mehr bezahlt, als sie an bilanzierbarem Wert erhält.

Den auf den ersten Blick überhöhten Betrag hat sie für Dinge bezahlt, die nicht bilanzierbar sind, z. B. die Qualität der Produkte, die bei Fritz Fröhlich hergestellt werden, und den guten Ruf des Unternehmens, wodurch die X AG hofft, in den kommenden Jahren hohe Gewinne zu erzielen.

Diese Faktoren machen den Firmenwert von Fritz Fröhlich aus. Die X AG aktiviert 150.000 € in der Position „Immaterielle Vermögensgegenstände" im Anlagevermögen.

Die folgende Abbildung zeigt die Bilanz der X AG vor dem Erwerb von Fritz Fröhlich, die Bilanz von Fritz Fröhlich mit den Zeitwerten zum Zeitpunkt des Kaufs und die Bilanz der X AG nach dem Erwerb:

Aktiva	Bilanz der X AG vor dem Erwerb von Fritz Fröhlich (in €)		Passiva
Sachanlagevermögen	2.500.000	Eigenkapital	5.000.000
Sonstiges Umlaufvermögen (ohne liquide Mittel)	4.000.000	Fremdkapital	3.000.000
Liquide Mittel	1.500.000		
	8.000.000		8.000.000

Aktiva	Bilanz von Fritz Fröhlich zum Zeitpunkt des Kaufs, bewertet mit Zeitwerten (in €)		Passiva
Sachanlagevermögen	800.000	Eigenkapital	850.000
Sonstiges Umlaufvermögen (ohne liquide Mittel)	1.700.000	Fremdkapital	1.700.000
Liquide Mittel	50.000		
	2.550.000		2.550.000

Aktiva	Bilanz der X AG nach dem Erwerb von Fritz Fröhlich (in €)		Passiva
Geschäfts- oder Firmenwert	**150.000**	Eigenkapital	5.000.000
Sachanlagevermögen	3.300.000	Fremdkapital	4.700.000
Sonstiges Umlaufvermögen (ohne liquide Mittel)	5.700.000		
Liquide Mittel	550.000		
	9.700.000		9.700.000

Abb. 2.7: Entstehung und Bilanzierung eines derivativen Firmenwertes

---

Der derivative Geschäfts- oder Firmenwert muss in der Steuerbilanz aktiviert werden, weil ein positives Wirtschaftsgut vorliegt:

- im Rahmen des Kaufs sind Aufwendungen entstanden,
- es wird davon ausgegangen, das die Sachverhalte, die den Firmenwert ausmachen, über das Wirtschaftjahr hinaus einen Nutzen stiften und
- durch den Kauf wurde der Firmenwert als Restgröße selbständig bewertet (s. Beispiel).

Frage: Wie werden immaterielle Vermögensgegenstände des Anlagevermögens bewertet?

Immaterielle Vermögensgegenstände des Anlagevermögens werden mit ihren fortgeführten Anschaffungs- bzw. Herstellungskosten, also mit den Anschaffungs- oder Herstellungskosten abzüglich planmäßiger und gegebenenfalls außerplanmäßiger Abschreibungen, bewertet (s. zum Inhalt dieser Begriffe Abschnitt 2.2). Gem. § 255 Abs. 2a HGB zählen zu den Herstellungskosten selbsterstellter immaterieller Vermögensgegenstände des Anlagevermögens lediglich die in der Entwicklungsphase angefallenen Herstellungskosten.

Im Vergleich zu materiellen Vermögensgegenständen ist es im Falle selbstgeschaffener immaterieller Vermögensgegenstände schwierig, den Beginn der Herstellung zu bestimmen. Wird in einer Periode festgestellt, dass in einer vergangenen Periode die Herstellung eines nun fertig gestellten oder sich in der Entwicklung befindlichen Vermögensgegenstandes begonnen wurde, werden die vor der aktuellen Periode bereits als Aufwand erfassten Entwicklungskosten nicht in die Herstellungskosten einbezogen (vgl. Arbeitskreis „Immaterielle Werte im Rechnungswesen“ 2008, S. 1818 f.).

Derivative Geschäfts- oder Firmenwerte sind – wie alle zeitlich begrenzt nutzbaren Vermögensgegenstände des Anlagevermögens – planmäßig über die voraussichtliche Nutzungsdauer und außerplanmäßig bei einer voraussichtlich dauerhaften Wertminderung abzuschreiben. Eine Wertaufholung bei Wegfall des Grundes für eine außerplanmäßige Abschreibung ist gem. § 253 Abs. 5 Satz 2 HGB bei Geschäfts- oder Firmenwerten jedoch verboten. Wird der Abschreibung eines Geschäfts- oder Firmenwertes eine Nutzungsdauer von mehr als 5 Jahren zugrunde gelegt, müssen die Gründe hierfür gem. § 285 Satz 1 Nr. 13 HGB im Anhang angegeben werden.
Steuerrechtlich muss ein Geschäfts- oder Firmenwert gem. § 7 Abs. 1 Satz 3 EStG über 15 Jahre abgeschrieben werden.

Die Vorgehensweise, wenn die Nutzungsdauer eines immateriellen Vermögensgegenstandes nicht verlässlich geschätzt werden kann, ist bislang nicht geregelt. Der Referentenentwurf zum BilRUG sieht in diesem Fall für Geschäfts- oder Firmenwerte und für selbst geschaffene immaterielle Vermögensgegenstände die Abschreibung über einen Zeitraum von 5-10 Jahren vor.

2.4.2 Sachanlagen

Frage: In welchen Fällen werden Vermögensgegenstände des Sachanlagevermögens aktiviert und wie sind sie in der Bilanz einer Kapitalgesellschaft auszuweisen?

Mit Ausnahme unentgeltlich erworbener Gegenstände und von Vermögensgegenständen mit Anschaffungs- oder Herstellungskosten von nicht mehr als 150 € netto (s. Abschnitt 2.1.3) müssen aufgrund des Vollständigkeitsgebots gem. § 246 Abs. 1 HGB sämtliche erworbenen und selbsterstellten Vermögensgegenstände des Sachanlagevermögens aktiviert werden.

Das Gliederungsschema gem. § 266 HGB unterteilt die Sachanlagen in

- Grundstücke, grundstücksgleiche Rechte und Bauten einschließlich der Bauten auf fremden Grundstücken,
- Technische Anlagen und Maschinen,
- Andere Anlagen, Betriebs- und Geschäftsausstattung und
- Geleistete Anzahlungen und Anlagen im Bau.

In der ersten Position werden sowohl bebaute und unbebaute **Grundstücke** als auch **grundstücksgleiche Rechte**, wie z. B. Erbbaurechte oder Abbaurechte (bspw. bei Steinbrüchen) ausgewiesen. Neben **Bauten**, wie z. B. Parkplätze oder Brücken, sind auch **Gebäude** und **Gebäudeeinrichtungen, die wirtschaftlicher Teil des Gebäudes sind**, unter dieser Position zu bilanzieren. Eine Gebäudeeinrichtung ist dann ein wirtschaftlicher Teil des Gebäudes, wenn ihre Nutzung bzw. ihre Funktion in Zusammenhang mit der des Gebäudes steht. Dies ist z. B. bei einer Heizung der Fall. Die Einrichtung wird dann mit dem Gebäude als Einheit gesehen und dementsprechend als Teil des Gebäudes bilanziert und abgeschrieben. Aufgrund der in der Regel langen Abschreibungsdauer von Gebäuden führt dies zu einer verlängerten Abschreibung des Gegenstandes.
Dient die Einrichtung hingegen selbständig betrieblichen Zwecken, wie z. B. ein Gepäckförderband an einem Flughafen, so wird sie als einzelner Vermögensgegenstand in einer anderen Position des Sachanlagevermögens bilanziert und in Abhängigkeit ihrer individuellen Nutzungsdauer abgeschrieben.
Der Gesetzgeber weist in dem Gliederungsschema explizit darauf hin, dass auch **Bauten auf fremden Grundstücken** unter dieser Position zu bilanzieren sind, obwohl der Grundstückseigentümer rechtlicher Eigentümer aller Gegenstände ist, die fest mit dem Grundstück verbunden sind. Damit wird herausgestellt, dass auch im Fall von Immobilien für die Zurechnung zum betrieblichen Vermögen das wirtschaftliche und nicht das rechtliche Eigentum entscheidend ist (s. Abschnitt 2.1.1).

Technische Anlagen und Maschinen umfassen alle Anlagen und Maschinen, die unmittelbar in der Produktion eingesetzt sind. Sie sind auch in dieser Position zu erfassen, wenn sie als wesentlicher Bestandteil eines fremden Grundstücks rechtliches Eigentum des Eigentümers dieses Grundstücks sind, sofern das bilanzierende Unternehmen wirtschaftlicher Eigentümer ist (s. Abschnitt 2.1.1). Wird z. B. eine Produktionsanlage auf einem städtischen Grundstück errichtet, wird die Anlage in den Sachanlagen des Unternehmens bilanziert, das die Produktionsanlage mit allen Chancen und Risiken betreibt. In dieser Position werden auch Spezialersatzteile und die Erstausstattung von Ersatzteilen bilanziert.

Anlagen und Maschinen sowie weitere Mobilien, die nicht unmittelbar in der Produktion eingesetzt werden, werden als **andere Anlagen, Betriebs- und Geschäftsausstattung** bilanziert. Hierzu gehören die Büroausstattungen einschließlich der DV-Anlage, aber auch allgemeine, nicht direkt in der Produktion eingesetzte Werkzeuge.

In der letzten Gliederungsposition der Sachanlagen werden Beträge noch nicht vollendeter Investitionen in das Sachanlagevermögen zusammengefasst. Es handelt sich zum einen um **Anzahlungen**, die das Unternehmen für Sachanlagen geleistet hat, die es in einem künftigen Geschäftsjahr erwerben wird, zum anderen um **Anlagen**, deren Errichtung zum Geschäftsjahresende noch nicht fertiggestellt ist, und die sich somit noch **im Bau** befinden.

Frage: Wie werden Vermögensgegenstände des Sachanlagevermögens bewertet?

Vermögensgegenstände des Sachanlagevermögens werden mit ihren fortgeführten Anschaffungs- bzw. Herstellungskosten, also mit den Anschaffungs- oder Herstellungskosten abzüglich gegebenenfalls durchgeführter Abschreibungen, bewertet (s. zum Inhalt dieser Begriffe Abschnitt 2.2).
Gem. § 240 Abs. 3 HGB können Sachanlagegegenstände, die

- regelmäßig ersetzt werden,
- deren Gesamtwert für das Unternehmen von geringer Bedeutung ist und
- deren Bestand sowohl mengen- als auch wertmäßig und in seiner Zusammensetzung kaum schwankt,

mit einer festen Menge, bewertet mit einem gleichbleibendem Wert, also einem Festwert, angesetzt werden. Dies gilt z. B. für den Geschirr- und Wäschebestand in einem Hotel.

2.4.3 Finanzanlagen

Frage: In welchen Fällen werden Vermögensgegenstände des Finanzanlagevermögens aktiviert und wie sind sie in der Bilanz einer Kapitalgesellschaft auszuweisen?

Aufgrund des Vollständigkeitsgebots gem. § 246 Abs. 1 HGB müssen sämtliche erworbenen Finanzanlagen aktiviert werden.

Finanzanlagen umfassen gem. § 266 HGB

- Anteile an verbundenen Unternehmen,
- Ausleihungen an verbundene Unternehmen,
- Beteiligungen,
- Ausleihungen an Unternehmen, mit denen ein Beteilungsverhältnis besteht,
- Wertpapiere des Anlagevermögens und
- Sonstige Ausleihungen.

Die Gliederung unterteilt damit einmal in **langfristige Investitionen in andere Unternehmen**, aufgegliedert nach dem Grad der Einflussnahme auf diese Unternehmen, und in **langfristig ausgeliehene Beträge**, aufgegliedert nach den Empfängern der Beträge.

Frage: Was sind Beteiligungen?

Beteiligungen sind gem. § 271 Abs. 1 Satz 1 HGB „Anteile an anderen Unternehmen, die bestimmt sind, dem eigenen Geschäftsbetrieb durch Herstellung einer dauernden Verbindung zu jenen Unternehmen zu dienen". Als Hinweis, wann eine Beteiligung vorliegt, nennt der Gesetzgeber einen **Anteil von mehr als 20 % am Nennkapital** des Unternehmens, dessen Anteile gehalten werden (§ 271 Abs. 1 Satz 3 HGB).
Entscheidend für die Klassifizierung als Beteiligung ist jedoch die **Beteiligungsabsicht**, also der Wille, durch die Anteile eine Verbindung zu dem Unternehmen herzustellen, die dem eigenen Geschäftsbetrieb dient. Dies kann z. B. in engen Lieferbeziehungen, im Austausch von Mitarbeitern oder in gemeinsamen Projekten jeglicher Art (bspw. in der Forschung) bestehen. Das Vorliegen einer Beteiligung ist somit unabhängig von der Höhe des Anteils am Nennkapital. Sofern er 20 % übersteigt liegt zwar die Vermutung einer Beteiligung vor, sie kann jedoch mit Nachweis der fehlenden Beteiligungsabsicht widerlegt werden.
Anteile an **Personengesellschaften** und **stille Gesellschafteranteile** gelten immer als Beteiligungen, da sie in der Regel mit einer großen Einflussnahmemöglichkeit auf die Gesellschaft

verbunden sind. Mitgliedsanteile an einer **eingetragenen Genossenschaft** gelten hingegen nie als Beteiligungen (§ 271 Abs. 1 Satz 5 HGB).

Frage: Was sind verbundene Unternehmen?

Als verbundene Unternehmen gelten Unternehmen, die in einem **Mutter – Tochter – Verhältnis** stehen (§ 271 Abs. 2 HGB). Ein solches Verhältnis liegt gem. § 290 HGB vor, wenn eine Kapitalgesellschaft (Mutterunternehmen) mit Sitz im Inland auf ein anderes Unternehmen (Tochterunternehmen) unmittel- oder mittelbar einen **beherrschenden Einfluss** ausüben kann.

In den folgenden Fällen liegt ein beherrschender Einfluss immer vor:
- dem Mutterunternehmen steht die Mehrheit der Stimmrechte der Gesellschafter zu,
- das Mutterunternehmen ist Gesellschafter und hat das Recht, die Mehrheit der Mitglieder des die Finanz- und Geschäftspolitik bestimmenden Verwaltungs-, Leitungs- oder Aufsichtsorgans zu bestellen oder abzuberufen,
- das Mutterunternehmen hat das Recht, auf Grund eines Beherrschungsvertrages oder einer Satzungsbestimmung die Finanz- und Geschäftspolitik des Tochterunternehmens zu bestimmen, oder
- das Mutterunternehmen trägt bei wirtschaftlicher Betrachtung die Mehrheit der Risiken und Chancen eines Unternehmens (oder z. B. einer sonstigen juristischen Person des Privatrechts), das zur Erreichung eines eng begrenzten und genau definierten Ziels des Mutterunternehmens dient. Hierbei handelt es sich um so genannte Zweckgesellschaften.

Bei der Berechnung der Stimmrechte werden einem Mutterunternehmen Stimmrechte, die ein Tochterunternehmen hält, vollständig, nicht nur anteilig zugerechnet.

Beispiel:
Gegeben sei folgende Beteiligungsstruktur:

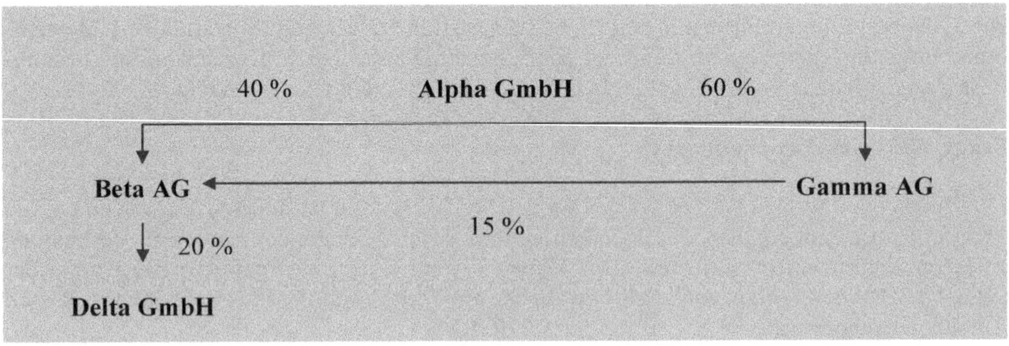

Abb. 2.8: Beispiel für die Zurechnung von Stimmrechten

Die Alpha GmbH verfügt über 60 % der Anteile an der Gamma AG zu. Die Gamma AG ist gem. § 290 HGB Tochter der Alpha GmbH. Damit kann die Alpha GmbH insgesamt über 55 % der Stimmrechte an der Beta AG verfügen, die damit ebenfalls ein Tochterunternehmen der Alpha GmbH ist. Folglich kann die Alpha GmbH auch über die 20 % der Stimmrechte an der Delta GmbH, die die Beta AG hält, verfügen.

Unter den **Wertpapieren des Anlagevermögens** werden alle Wertpapiere bilanziert, die zwar langfristig gehalten werden sollen, die aber keine Beteiligungen darstellen und deren Ausweis nicht anders geregelt ist. Hier finden sich z. B. Schuldverschreibungen oder auch Aktien, die lediglich als langfristige Finanzinvestition gehalten werden.

Ausleihungen sind langfristige Finanz- oder Kapitalforderungen, z. B. Darlehen, jedoch keine Lieferungs- oder Leistungsforderungen. Ihre Aufgliederung in drei Positionen im Gliederungsschema gem. § 266 HGB zeigt die Enge der finanziellen Verflechtungen des Unternehmens mit anderen Unternehmen.

Frage: Wie werden Vermögensgegenstände des Finanzanlagevermögens bewertet?

Vermögensgegenstände des Finanzanlagevermögens werden grundsätzlich mit ihren Anschaffungskosten, abzüglich gegebenenfalls durchgeführter außerplanmäßiger Abschreibungen (s. Abschnitt 2.2), bewertet. Bei folgenden Positionen bestehen **Besonderheiten bei der Bewertung**:

- Der Buchwert von **Beteiligungen an Personengesellschaften** wird um anteilige, nicht ausgeschüttete Gewinne erhöht. Anders als Gewinne bei Kapitalgesellschaften stehen Gewinne von Personengesellschaften den Gesellschaftern unmittelbar zu und werden den Kapitalkonten gutgeschrieben. Werden sie nicht ausgeschüttet, können sie als Kapitalerhöhung interpretiert werden und erhöhen dadurch den Beteiligungswert.
- Entspricht der Auszahlungsbetrag einer **Ausleihung** nicht dem Rückzahlungsbetrag, werden die Anschaffungskosten (= Auszahlungsbetrag) über die Laufzeit erhöht bzw. verringert, so dass der Differenzbetrag über die Laufzeit verteilt als Ertrag oder Aufwand realisiert wird. Im Falle eines niedrigeren Auszahlungsbetrages kann auch der Rückzahlungsbetrag aktiviert und die Differenz als Rechnungsabgrenzungsposten passiviert und über die Laufzeit aufgelöst werden.

Beispiel:

Ein Unternehmen gewährt einen Kredit mit folgenden Merkmalen: Auszahlungsbetrag: 90.000 €, Laufzeit 10 Jahre, Rückzahlungsbetrag = Nennwert: 100.000 €; Verzinsung: 5 % p. a. auf den Nennwert. Entweder das Unternehmen bewertet die Ausleihung mit 90.000 € und erhöht den Betrag jedes Jahr um 1.000 € (Gegenbuchung im Zinsertrag) oder es bewertet die Ausleihung mit dem Nennwert von 100.000 € und bildet einen passiven Rechnungsabgrenzungsposten in Höhe von 10.000 €, den es jährlich um 1.000 € verringert (Gegenbuchung im Zinsertrag).

- **Un- oder niedrigverzinsliche Ausleihungen** werden mit einem marktüblichen Zinssatz bzw. mit der Differenz zu dem marktüblichen Zinssatz abgezinst und während der Laufzeit wieder aufgezinst. Der Aufzinsungsbetrag wird als Zinsertrag gebucht, so dass für die Ausleihung, ggf. einschließlich der gezahlten Zinsen, ein marktüblicher Zinsertrag erfasst wird.

Beispiel:

Ein Unternehmen gewährt zum 1.1.00 einem Tochterunternehmen einen nicht verzinslichen Kredit von 1.000.000 € mit einer Laufzeit von 5 Jahren. Zurzeit wird ein solcher Kredit mit durchschnittlich 7 % verzinst.

Das Unternehmen zinst den Nominalbetrag über die Laufzeit von 5 Jahren mit 7 % ab. Der Barwert in Höhe von 712.986,18 € wird aktiviert, der Differenzbetrag von 287.013,82 € als sonstiger betrieblicher Aufwand erfasst. In den Jahresabschlüssen der folgenden Geschäftsjahre wird die Ausleihung wie folgt bilanziert:

Geschäftsjahr	Buchwert der Ausleihung zum 31.12. (in €)	Zinsertrag (in €)
00	(712.986,18 + 49.909,03 =) 762.895,21	(712.986,18 * 7 % =) 49.909,03
01	(762.895,21 + 53.402,67 =) 816.297,88	(762.895,21* 7 % =) 53,402,67
02	873.438,73	57.140,85
03	934.579,44	61.140,71
04	1.000.000,00	65.420,56

2.4.4 Der Anlagenspiegel

Frage: Was ist ein Anlagenspiegel und was beinhaltet er?

Gem. § 268 Abs. 2 HGB müssen Kapitalgesellschaften in der Bilanz oder im Anhang (gem. Referentenentwurf zum BilRUG künftig nur noch im Anhang) die Entwicklung des Wertes aller Posten des Anlagevermögens darstellen. In der Regel nutzen Unternehmen hierfür den sogenannten Anlagenspiegel. Abb. 2.9 zeigt ein Schema für einen Anlagenspiegel. Es umfasst sämtliche in § 268 Abs. 2 Satz 2 und 3 HGB geforderten Positionen sowie die Buchwerte zu Beginn und zum Ende des Geschäftsjahres (GJ). Darüber hinaus wird die Entwicklung der in § 268 Abs. 2 HGB genannten „Abschreibungen in ihrer gesamten Höhe" (= kumulierte Abschreibungen) detailliert dargestellt.

Anlagespiegel für **GJ 00** (Beträge in €)	technische Anlagen und Maschinen	andere Anlagen, BGA	...
AHK zu Beginn des GJ			
Zugänge			
Abgänge			
Umbuchungen			
AHK am Ende des GJ			
kumulierte Abschreibungen zu Beginn des Geschäftsjahres			
Abschreibungen des GJ			
Zuschreibungen des GJ			
Abgänge / Umbuchungen			
kumulierte Abschreibungen am Ende des Geschäftsjahres			
Buchwert zu Beginn des GJ			
Buchwert zum Ende des GJ			

Abb. 2.9: Schema eines Anlagenspiegels

- Am Beginn der Darstellung stehen die **Anschaffungs- oder Herstellungskosten** aller Anlagegegenstände, die sich **zu Beginn** des Geschäftsjahres im Betriebsvermögen des Unternehmens befinden, auch wenn sie bereits vollständig abgeschrieben sind und somit einen Buchwert von 0 € bzw. 1 € haben.
- Unter den **Zugängen** wird die mengenmäßige Zunahme der Anlagegegenstände (z. B. durch Neuerwerb), nachträgliche Anschaffungskosten und – je nach Ausweis – Umbuchungen aus dem Umlauf- in das Anlagevermögen erfasst.
- Die **Abgänge** zeigen dagegen die mengenmäßige Abnahme der Anlagegegenstände (z. B. durch Verkauf), bewertet mit den ursprünglichen Anschaffungs- oder Herstellungskosten, und – je nach Ausweis – Umbuchungen aus dem Anlage- in das Umlaufvermögen.
- **Umbuchungen** werden durchgeführt, wenn Aktiva aus einer Position in eine andere Position umgegliedert werden. Innerhalb des Anlagevermögens ist dies z. B. der Fall, wenn eine am vorangegangenen Bilanzstichtag noch unfertige Anlage am Stichtag des Berichtsjahres fertig ist. Dann wird der Wert zum letzten Bilanzstichtag aus den „Anlagen im Bau“ aus- und in die Position „technische Anlagen und Maschinen“ eingebucht. Ferner sind Umbuchungen zwischen Anlage- und Umlaufvermögen durchzuführen, wenn sich die Absicht des Unternehmens hinsichtlich der Verweildauer des Vermögensgegenstandes im Unternehmen ändert. Hat das Unternehmen z. B. Wertpapiere bislang zur langfristigen Anlage gehalten, beabsichtigt jetzt jedoch, die Papiere im nächsten Geschäftsjahr zu verkaufen, so ist eine Umbuchung von den Wertpapieren des Anlagevermögens in die Position „sonstige Wertpapiere“ im Umlaufvermögen durchzuführen. Der Ausweis dieser Umbuchung ist im Anlagenspiegel auch in der Spalte „Abgänge“ möglich.

Die Zugänge erhöhen den Bestand der Vermögensgegenstände, die Abgänge verringern ihn, die Auswirkung der Umbuchungen hängt davon ab, ob ein Vermögensgegenstand in den Posten hinein oder aus dem Posten herausgebucht wird. Mit diesen Positionen wird verdeutlicht, wodurch sich die Anschaffungs- oder Herstellungskosten des jeweiligen Anlagenpostens im abgelaufenen Geschäftsjahr verändert haben. Am **Ende des ersten Teils** des Anlagenspiegels stehen die **Anschaffungs- oder Herstellungskosten** der Vermögensgegenstände, die **am Ende** des Geschäftsjahres im Bestand des Unternehmens sind.

- Die **kumulierten Abschreibungen** sind die Summe sämtlicher planmäßigen und außerplanmäßigen Abschreibungen, gegebenenfalls korrigiert um Zuschreibungen. Ausgangspunkt im zweiten Teil des Anlagenspiegels sind die kumulierten Abschreibungen auf die Vermögensgegenstände, die sich am Anfang des Geschäftsjahres im Betriebsvermögen des Unternehmens befinden.
- Die **Abschreibungen des Geschäftsjahres** stellen die planmäßigen und außerplanmäßigen Wertminderungen des Anlagevermögens dar.
- Bei den **Zuschreibungen** des Geschäftsjahres handelt es sich um die Korrektur früherer außerplanmäßiger Abschreibungen, wenn der Grund für eine außerplanmäßige Abschreibung wegfällt (s. Abschnitt 2.2.4).
- In der Position **Abgänge / Umbuchungen** werden die Abschreibungen dargestellt, die bis zum Zeitpunkt des Abgangs bzw. der Umbuchung auf die betroffenen Anlagegüter durchgeführt worden sind. Wenn z. B. eine Maschine mit Anschaffungskosten von 500.000 € und einem Buchwert im Zeitpunkt des Abgangs von 220.000 € ausgebucht wird, wird im Anlagespiegel in der Darstellung der Entwicklung der Anschaffungs- und Herstellungskosten in den Abgängen ein Betrag von 500.000 € ausgewiesen und in der Darstellung der Entwicklung der kumulierten Abschreibungen in den Abgängen / Umbuchungen ein Betrag von 280.000 €.

Die Abschreibungen des Geschäftsjahres erhöhen die kumulierten Abschreibungen, die Zuschreibungen und die Abgänge verringern ihn, die Auswirkung der Umbuchungen hängt davon ab, ob ein Vermögensgegenstand in den Posten hinein oder aus dem Posten herausgebucht wird. Mit diesen Positionen wird verdeutlicht, wodurch sich die kumulierten Abschreibungen des jeweiligen Anlagenpostens im abgelaufenen Geschäftsjahr verändert haben. Am **Ende des zweiten Teils** des Anlagenspiegels stehen die **kumulierten Abschreibungen** auf die Vermögensgegenstände, die **am Ende** des Geschäftsjahres im Bestand des Unternehmens sind.

Im letzten Teil des Anlagenspiegels werden die Buchwerte zu Beginn und am Ende des Geschäftsjahres ausgewiesen. Sie ergeben sich aus der Differenz zwischen dem Buchwert und den kumulierten Abschreibungen zum jeweiligen Zeitpunkt.

Beispiel:

Für die Positionen „Grundstücke, grundstücksgleiche Rechte und Bauten einschließlich der Bauten auf fremden Grundstücken" und „Geleistete Anzahlungen und Anlagen im Bau" der Y AG liegen folgende Angaben für die Geschäftsjahre 00 und 01 vor:

- Die Anschaffungskosten für die Grundstücke und Gebäude zu Beginn des Geschäftsjahres 00 betragen 1 Mio. €. Die kumulierten Abschreibungen auf die Gebäude betragen zu Beginn des Geschäftsjahres 400.000 €.
- In den Geschäftsjahren vor dem Geschäftsjahr 00 sind auf die Grundstücke außerplanmäßige Abschreibungen in Höhe von 100.000 € durchgeführt worden.
- Im Geschäftsjahr 00 entfällt der Grund für einen Teil der in den Vorjahren durchgeführten außerplanmäßigen Abschreibungen. Die Werterhöhung beträgt 50.000 €.
- Im Geschäftsjahr 00 werden Grundstücke und Gebäude mit Anschaffungskosten von insgesamt 50.000 € erworben. Die Abschreibungen des Geschäftsjahres 00 auf die Gebäude betragen 22.000 €. Auf ein Grundstück, das im Geschäftsjahr 01 erworben werden soll, wird eine Anzahlung von 15.000 € geleistet. Zu Beginn des Geschäftsjahres 00 bestehen keine geleisteten Anzahlungen oder Anlagen im Bau.
- Im Geschäftsjahr 01 betragen die Abschreibungen auf die Gebäude 23.000 €. Ein Gebäude mit einem Buchwert von 30.000 €, das für 80.000 € angeschafft worden war, wird für 40.000 € verkauft. Das Grundstück, für das in 00 die Anzahlung geleistet wurde, wird für 100.000 € erworben.

Die Entwicklung der beiden Positionen stellt sich im Anlagenspiegel der Y AG wie folgt dar:

Anlagenspiegel für **00** (Beträge in €)	Grundstücke, grundstücksgleiche Rechte und Bauten einschließlich der Bauten auf fremden Grundstücken	Geleistete Anzahlungen und Anlagen im Bau
AHK zu Beginn des GJ	**1.000.000**	**0**
Zugänge	50.000	15.000
Abgänge		
Umbuchungen		
AHK am Ende des GJ	**1.050.000**	**15.000**

kumulierte Abschreibungen zu Beginn des Geschäftsjahres	**500.000**	
Abschreibungen des GJ	22.000	
Zuschreibungen des GJ	50.000	
Abgänge / Umbuchungen		
kumulierte Abschreibungen am Ende des Geschäftsjahres	**472.000**	
Buchwert zu Beginn des GJ	500.000	0
Buchwert zum Ende des GJ	578.000	15.000

Anlagenspiegel für **01** (Beträge in €)	Grundstücke, grundstücksgleiche Rechte und Bauten einschließlich der Bauten auf fremden Grundstücken	Geleistete Anzahlungen und Anlagen im Bau
AHK zu Beginn des GJ	**1.050.000**	**15.000**
Zugänge	85.000	15.000
Abgänge	80.000	
Umbuchungen	+15.000	-15.000
AHK am Ende des GJ	**1.070.000**	**0**
kumulierte Abschreibungen zu Beginn des Geschäftsjahres	**472.000**	
Abschreibungen des GJ	23.000	
Zuschreibungen des GJ		
Abgänge / Umbuchungen	50.000	
kumulierte Abschreibungen am Ende des Geschäftsjahres	**445.000**	
Buchwert zu Beginn des GJ	578.000	15.000
Buchwert zum Ende des GJ	625.000	0

Für den Ausweis einiger Anlagegegenstände im Anlagenspiegel bestehen **Besonderheiten**:

- Werden Wirtschaftsgüter analog zur Vorgehensweise in der Steuerbilanz gem. § 6 Abs. 2a EStG als Bestandteil eines Sammelpostens bilanziert (s. Abschnitt 2.2.5.3), sollte der Abgang nach Beendigung der Abschreibung, also am Ende des fünften Geschäftsjahres,

im Anlagenspiegel ausgewiesen werden. Da **immaterielle Vermögensgegenstände** in der Regel nicht mengenmäßig abgehen, ist es zulässig, ihren Abgang im Geschäftsjahr der letzten Abschreibung zu erfassen.
- Werden Vermögensgegenstände mit einem **Festwert** bewertet (s. Abschnitt 2.4.2), so wird eine Änderung des Festwertes aufgrund einer mengenmäßigen Erhöhung / Verringerung des Bestandes als Zu- / Abgang erfasst, wertmäßige Änderungen als Zu- oder Abschreibungen.

Der Anlagenspiegel beinhaltet wichtige Informationen für die Jahresabschlussadressaten. Er informiert über die Entwicklung des Anlagevermögens, eines zumindest für Produktionsunternehmen wichtigen Teils des Vermögens. Unter anderem kann man durch den Vergleich der Anschaffungs- oder Herstellungskosten mit dem Buchwert Rückschlüsse auf das Alter des Anlagevermögens und damit auf die Investitionspolitik des Unternehmens und möglichen künftigen Investitionsbedarf ziehen.

2.5 Bilanzierung des Umlaufvermögens

Frage: Was ist Umlaufvermögen?

Der Begriff Umlaufvermögen selbst ist im Gesetz nicht definiert. Es ist lediglich möglich, seinen Inhalt als Negativabgrenzung zu bestimmen: Umlaufvermögen sind **alle Aktiva, die nicht Anlagevermögen** (definiert in § 247 Abs. 2 HGB) **und nicht Rechnungsabgrenzungsposten** (definiert in § 250 HGB) **sind.**
Gem. § 266 Abs. 2 HGB müssen Kapitalgesellschaften ihr Umlaufvermögen in folgende Hauptgruppen unterteilen:
- Vorräte,
- Forderungen und sonstige Vermögensgegenstände,
- Wertpapiere und
- Kassenbestand, Bundesbankguthaben, Guthaben bei Kreditinstituten und Schecks.

2.5.1 Vorräte

Frage: In welchen Fällen werden Vorräte aktiviert und wie sind sie in der Bilanz einer Kapitalgesellschaft auszuweisen?

Aufgrund des Vollständigkeitsgebots gem. § 246 Abs. 1 HGB müssen sämtliche erworbene und selbsterstellte Vermögensgegenstände des Vorratsvermögens aktiviert werden.

Im Gliederungsschema gem. § 266 Abs. 2 HGB sind die Vorräte in folgende Positionen unterteilt:
- Roh-, Hilfs- und Betriebsstoffe,
- Unfertige Erzeugnisse, unfertige Leistungen,
- Fertige Erzeugnisse und Waren,
- Geleistete Anzahlungen.

Rohstoffe gehen unmittelbar in das Produkt ein und bilden seine Hauptbestandteile. Zu den Rohstoffen zählen auch Erzeugnisse anderer Unternehmen, z. B. Bleche, die ein Unternehmen der Autoindustrie von einem Zulieferer erhält. **Hilfsstoffe** gehen ebenfalls unmittelbar in das Produkt ein, allerdings nur als Nebenbestandteil (z. B. Schrauben, Nägel). **Betriebsstoffe** werden nicht Bestandteil des Produktes, sondern werden mittelbar oder unmittelbar im Produktionsprozess verbraucht (z. B. Schmierstoffe, Brennmaterialien).

Bei den **unfertigen Erzeugnissen** und **unfertigen Leistungen** handelt es sich um Produkte, die noch nicht verkaufsfähig sind (z. B. eine Anlage, die noch nicht fertiggestellt ist, aber auch technisch fertige Produkte, die noch lagern müssen, wie bspw. Whisky) und um noch nicht beendete Leistungen (z. B. ein noch nicht beendeter Beratungsauftrag), für deren Erstellung bis zum Bilanzstichtag bereits Aufwendungen angefallen sind.

Fertige Erzeugnisse und Waren sind verkaufsfertige Produkte, die im Unternehmen hergestellt oder bearbeitet wurden bzw. Produkte oder Zubehörteile, die von anderen Unternehmen bezogen und weiterverkauft werden.

Die unter der Position „Vorräte" auszuweisenden **geleisteten Anzahlungen** sind Auszahlungen für Vorräte bzw. Dienstleistungen im Zusammenhang mit der Beschaffung von Vorräten, die das Unternehmen erst in einem späteren Geschäftsjahr erhalten wird.

Erhaltene Anzahlungen auf Bestellungen dürfen gem. § 268 Abs. 5 Satz 2 HGB von den Vorräten „offen abgesetzt" werden. Das bedeutet, dass Anzahlungen, die das Unternehmen von Kunden erhalten hat, mit den Vorräten saldiert werden dürfen. Die Saldierung muss jedoch in den Vorräten oder im Anhang gezeigt werden, so dass der Vorgang für Jahresabschlussadressaten sichtbar ist. Alternativ können erhaltenen Anzahlungen auf Bestellungen unter den Verbindlichkeiten ausgewiesen werden.

Frage: Wie werden Vorräte bewertet?

Vorräte werden mit ihren Anschaffungs- bzw. Herstellungskosten abzüglich gegebenenfalls durchgeführter außerplanmäßiger Abschreibungen, bewertet (s. Abschnitt 2.2). Aufgrund ihrer Beschaffenheit sind bei ihrer Bewertung jedoch einige **Verfahren** zulässig, **die die Bewertung vereinfachen**, die allerdings dem Grundsatz der Einzelbewertung widersprechen:

- **Festwertverfahren:** Gem. § 256 Satz 2 i. V. m. § 240 Abs. 3 HGB können Roh-, Hilfs- und Betriebsstoffe, die
    - regelmäßig ersetzt werden,
    - deren Gesamtwert für das Unternehmen von geringer Bedeutung ist und
    - deren Bestand sowohl mengen- als auch wertmäßig und in seiner Zusammensetzung kaum schwankt,

  mit einer festen Menge, bewertet mit einem gleichbleibendem Wert, also einem Festwert, angesetzt werden. Dies gilt z. B. für den Bestand an Schrauben oder Brennstoffen.
- **Gruppenbewertung**: Gem. § 256 Satz 2 i. V. m. § 240 Abs. 4 HGB können gleichartige Vermögensgegenstände des Vorratsvermögens zu einer Gruppe zusammengefasst und mit dem gewogenen Durchschnittswert angesetzt werden (s. Abschnitt 2.2.5.1).
- **Verbrauchsfolgeverfahren**: § 256 Satz 1 HGB erlaubt für die Bewertung von gleichartigen Vermögensgegenständen des Vorratsvermögens (s. zur Gleichartigkeit Abschnitt 2.2.5.1) die Fiktion einer bestimmten Reihenfolge beim Abgang der Vorräte: entweder die zuerst oder die zuletzt angeschafften bzw. hergestellten Vorräte werden verbraucht oder veräußert.
    - Bei Anwendung des **Lifo-** (Last-in-first-out) **Verfahrens** wird unterstellt, dass die Vermögensgegenstände, die zuletzt angeschafft oder hergestellt werden, zuerst verbraucht oder veräußert werden. Dies trifft z. B. zu, wenn neugelieferte Güter vorne in ein Regal gestellt werden und bei der Entnahme die vorne stehenden Gegenstände genommen werden. Beim **Perioden Lifo** wird am Ende der Periode der gesamte Abgang der Periode ermittelt und es gelten die während der Periode zuletzt zugegangenen Gegenstände als verbraucht bzw. veräußert.

Beispiel:

Folgende Tabelle enthält die Daten über den Bestand, die Zugänge und die Abgänge eines Rohstoffes:

	Menge in kg	Preis in €/kg
Anfangsbestand	1.000	50
Abgang	-600	
Zugang	+500	60
Abgang	-450	
Zugang	+500	64
Abgang	-400	

Der gesamte Abgang beträgt 600 kg + 450 kg + 400 kg = 1.450 kg. Bei Zugrundelegen des **Perioden Lifo**-Verfahrens wird angenommen, dass die letzten Zugänge 500 kg à 64 € / kg + 500 kg à 60 € / kg und ein Teil des Anfangsbestandes, nämlich 450 kg à 50 € / kg verbraucht werden. Es ergibt sich dann ein **Gesamtaufwand** von **84.500 €**. Der **Endbestand** wird mit 550 kg * 50 € / kg = **27.500 €** bewertet.

Beim **permanenten Lifo** wird jeder Abgang gesondert bewertet. Es gelten die Vermögensgegenstände als verbraucht bzw. veräußert, die bis zu dem jeweiligen Abgang zuletzt zugegangen waren. Für obiges Beispiel ergibt sich dann folgender Wert für den Endbestand:

				Wert in €
Anfangsbestand	1.000 kg à 50 €			50.000
Abgang	-600 kg à 50 €			-30.000
Zugang		+ 500 kg à 60 €		+ 30.000
Abgang		-450 kg à 60 €		-27.000
Zugang			+ 500 kg à 64 €	+32.000
Abgang			- 400 kg à 64 €	-25.600
Endbestand	400 kg à 50 €	50 kg à 60 €	100 kg à 64 €	**29.400**

Der **Gesamtaufwand** beträgt 30.000 € + 27.000 € + 25.600 € = **82.600 €**.

- Bei dem **Fifo-** (First-in-first-out) **Verfahren** wird davon ausgegangen, dass die Vermögensgegenstände, die zuerst angeschafft oder hergestellt werden, zuerst verbraucht oder veräußert werden. Entsprechend der Lifo-Methode können Perioden Fifo und permanentes Fifo unterschieden werden, führen jedoch zum gleichen Ergebnis: der **Gesamtaufwand** beträgt 1.000 kg * 50 € / kg + 450 kg * 60 € / kg = **77.000 €**, der **Endbestand** wird mit 50 kg * 60 € /kg.+ 500 kg * 64 € / kg = **35.000 €** bewertet.

Auch bei Anwendung eines Verbrauchsfolgeverfahrens muss das **Niederstwertprinzip** beachtet werden. Betrüge im obigen Beispiel der Preis am Bilanzstichtag z. B. 57 € / kg, müsste im Falle der Anwendung des Fifo-Verfahrens eine außerplanmäßige Abschreibung um 3.650 € auf 550 kg * 57 € /kg = 31.350 € durchgeführt werden.

Für die Steuerbilanz ist von den Verbrauchsfolgeverfahren grundsätzlich nur das Lifo-Verfahren zulässig (§ 6 Abs. 1 Nr. 2a EStG).

2.5.2 Forderungen und sonstige Vermögensgegenstände

Frage: In welchen Fällen werden Forderungen und sonstige Vermögensgegenstände aktiviert und wie sind sie in der Bilanz einer Kapitalgesellschaft auszuweisen?

Aufgrund des Vollständigkeitsgebots gem. § 246 Abs. 1 HGB müssen sämtliche Forderungen und sonstige erworbene und selbsterstellte Vermögensgegenstände aktiviert werden.

Gem. § 266 Abs. 2 HGB enthält die Position „Forderungen und sonstige Vermögensgegenstände“ folgende Aktiva:

- Forderungen aus Lieferungen und Leistungen,
- Forderungen gegenüber verbundenen Unternehmen,
- Forderungen gegen Unternehmen, mit denen ein Beteiligungsverhältnis besteht,
- Sonstige Vermögensgegenstände.

Forderungen aus Lieferungen und Leistungen entstehen, wenn das bilanzierende Unternehmen seine Verpflichtungen aus einem Vertrag durch Lieferung oder Leistung bereits erfüllt hat, die Gegenleistung durch den Vertragspartner jedoch noch nicht erhalten hat. Unter dieser Position werden nur Forderungen aus dem normalen Geschäftsbetrieb erfasst. Lieferungs- oder Leistungsforderungen aus Geschäften, die nur ausnahmsweise getätigt wurden, wie z. B. der Verkauf eines Grundstücks eines Industriebetriebes, werden unter den „sonstigen Vermögensgegenständen“ ausgewiesen.

Entsprechend der Vorgehensweise im Finanzanlagevermögen sind die **Forderungen gegenüber verbundenen Unternehmen und gegenüber Unternehmen, mit denen ein Beteiligungsverhältnis besteht** (zur Abgrenzung s. Abschnitt 2.4.3), gesondert auszuweisen. Hierdurch werden finanzielle Verflechtungen zwischen Unternehmen, die wirtschaftlich eng miteinander verbunden sind, offengelegt. Ein Ausweis unter diesen Positionen geht dem Ausweis unter anderen Positionen vor. Forderungen aus Lieferungen und Leistungen gegenüber einem Tochterunternehmen z. B. werden in der Position „Forderungen gegenüber verbundenen Unternehmen“ und nicht in der Position „Forderungen aus Lieferungen und Leistungen“ erfasst.

Die Position „**sonstige Vermögensgegenstände**“ stellt einen Sammelposten für alle Vermögensgegenstände des Umlaufvermögens dar, die einer anderen Position nicht zugeordnet werden können. Hier werden z. B. Gehaltsvorschüsse, GmbH-Anteile ohne Beteiligungsabsicht, Steuererstattungsansprüche und die antizipativen Rechnungsabgrenzungsposten (s. Abschnitt 2.9) zusammengefasst. Haben die Rechnungsabgrenzungsposten bei Kapitalgesellschaften einen größeren Umfang, müssen sie gem. § 268 Abs. 4 Satz 2 HGB im Anhang erläutert werden.

Für jede gesondert ausgewiesene Forderungsposition müssen gem. § 268 Abs. 4 Satz 1 HGB die **Beträge mit einer Restlaufzeit von mehr als einem Jahr** angegeben werden.

Frage: Wie werden Forderungen und sonstige Vermögensgegenstände bewertet?

Forderungen werden grundsätzlich mit ihrem **Nennbetrag** bewertet. Unverzinsliche bzw. sehr niedrig verzinsliche Forderungen werden abgezinst (s. auch Abschnitt 2.4.3 zur Bewertung von niedrig und unverzinslichen Ausleihungen).
Zum Bilanzstichtag muss überprüft werden, ob mit einer vollständigen Begleichung der Forderungen gerechnet werden kann. Ist dies bei einzelnen Forderungen nicht der Fall, weil z. B. bekannt wird, dass ein Schuldner mit anderen Zahlungen im Rückstand ist, gelten diese For-

derungen als zweifelhaft und müssen aufgrund des Niederstwertprinzips auf den Betrag abgeschrieben werden, mit dessen Zahlung gerechnet wird. Die Feststellung der Zweifelhaftigkeit einer Forderung ist in der Praxis problematisch. Hinweise auf die gesunkene Bonität eines Schuldners können z. B. Vertriebsmitarbeiter oder Kreditauskunfteien geben. Bei Insolvenz eines Schuldners wird die Forderung entweder zu 100 % oder auf die erwartete Insolvenzquote abgeschrieben.

Grundsätzlich gilt auch bei den Forderungen der **Grundsatz der Einzelbewertung**. Teilweise ist es aber nicht möglich oder zu aufwendig, die Werthaltigkeit jeder Forderung einzeln zu überprüfen, wenn z. B. viele betragsmäßig geringe Forderungen bestehen. Außerdem können Risiken bestehen, deren Folgen noch nicht für einzelne Forderungen vorhersehbar sind, die jedoch erfahrungsgemäß zu einem Ausfall eines Teils der Forderungen führen. In diesen Fällen kann vom Grundsatz der Einzelbewertung abgewichen werden. Die nicht bereits einzeln wertberichtigten Forderungen werden zusammengefasst und in Abhängigkeit von der Überfälligkeit um einen bestimmten Prozentsatz pauschal abgeschrieben. Diese Prozentsätze beruhen auf Erfahrungen des Unternehmens aus der Vergangenheit, berücksichtigen jedoch auch aktuelle Rahmenbedingungen und die Einschätzung der künftigen wirtschaftlichen Entwicklung.

Valutaforderungen (Forderungen in Fremdwährung) werden gem. § 256a HGB mit dem Devisenkassamittelkurs am Bilanzstichtag in Euro umgerechnet. Ergibt sich aufgrund von Kursänderungen ein Wert, der über dem Wert bei erstmaligem Ansatz liegt, so darf diese Werterhöhung aufgrund des Anschaffungswertprinzips grundsätzlich nicht erfasst werden. Sinkt der in Euro umgerechnete Wert, so muss aufgrund des Niederstwertprinzips auf den niedrigeren Wert abgeschrieben werden. Verbessert sich das Kursverhältnis wieder, sind die Bestimmungen zur Wertaufholung zu beachten. Beträgt die Restlaufzeit einer Forderung am Bilanzstichtag nicht mehr als 12 Monate sind gem. § 256a S. 2 HGB das Anschaffungswertprinzip und das Realisationsprinzip nicht anzuwenden, sondern die Forderungen ohne Rücksicht auf den Kurs am Anschaffungstag mit dem Kurs am Bilanzstichtag umzurechnen.

2.5.3 Wertpapiere

Frage: In welchen Fällen werden Wertpapiere des Umlaufvermögens aktiviert, wie sind sie in der Bilanz einer Kapitalgesellschaft auszuweisen und wie werden sie bewertet?

Für sämtliche Wertpapiere des Umlaufvermögens besteht aufgrund des Vollständigkeitsgebotes grundsätzlich eine Aktivierungspflicht.

Die Position „Wertpapiere" im Umlaufvermögen enthält gem. § 266 Abs. 2 HGB folgende Vermögensgegenstände:

- Anteile an verbundenen Unternehmen,
- Sonstige Wertpapiere.

Damit werden Anteile gesondert ausgewiesen, die ein Unternehmen an einem anderen Unternehmen hält, mit dem es wirtschaftlich eng verbunden ist. Dies ist für den Bilanzleser wichtig, weil solche Anteile in Krisensituationen möglicherweise nicht mehr zu den verwertbaren Vermögensgegenständen zählen.

Anteile an verbundenen Unternehmen (zur Abgrenzung s. Abschnitt 2.4.3) werden im Umlaufvermögen ausgewiesen, wenn sie nur vorübergehend gehalten werden. Dies kann z. B. der Fall sein, wenn ein Tochterunternehmen Anteile an seinem Mutterunternehmen mit der Absicht erwirbt, sie bald wieder zu verkaufen. Da die Verwertbarkeit der Anteile an einem herrschenden Unternehmen oder eines mit Mehrheit beteiligten Unternehmens z. B. im Falle der Insolvenz des bilanzierenden Unternehmens nicht sicher ist, muss der aktivierte Betrag auf der Passivseite mit Eigenkapital durch die Bildung einer „Rücklage für Anteile an einem herrschenden oder mehrheitlich beteiligten Unternehmen“ (s. Abschnitt 2.6.3) unterlegt werden. Beteiligungen gem. § 271 Abs. 1 HGB werden aufgrund des Merkmals einer dauernden Verbindung immer unter den Finanzanlagen bilanziert.

Alle übrigen Wertpapiere, die nur vorübergehend gehalten werden sollen, werden in der Sammelposition „**Sonstige Wertpapiere**“ bilanziert. Hierbei handelt es sich z. B. um Anleihen oder Aktien, die zur zeitweisen Anlage liquider Mittel erworben wurden.

Wertpapiere werden mit ihren **Anschaffungskosten**, also dem Preis des Wertpapiers zuzüglich Nebenkosten, wie z. B. Bankprovisionen, Maklergebühren und Spesen, ggf. abzüglich außerplanmäßiger Abschreibungen aufgrund des **strengen Niederstwertprinzips** bewertet. Bei gleichartigen Wertpapieren, die zu unterschiedlichen Zeitpunkten angeschafft wurden, kann die **Durchschnittsbewertung** (s. Abschnitt 2.2.5.1) angewendet werden.

2.5.4 Flüssige Mittel

Als letzte Position sind im Umlaufvermögen einer Kapitalgesellschaft „Kassenbestand, Bundesbankguthaben, Guthaben bei Kreditinstituten und Schecks“ zu bilanzieren.

Frage: In welchen Fällen werden liquide Mittel aktiviert, welche Vermögensgegenstände sind in dieser Position auszuweisen und wie werden sie bewertet?

Aufgrund des Vollständigkeitsgebotes sind sämtliche liquiden Mittel zu aktivieren. Der Kassenbestand umfasst sämtliche Geldbestände, einschließlich Sorten, und Wertmarken. Unter den Guthaben bei Kreditinstituten werden täglich fällige Gelder und Festgelder bei in- und ausländischen Kreditinstituten erfasst. Sie werden mit ihrem Nennwert bewertet. Beträge in ausländischer Währung werden gem. § 256a HGB mit dem Devisenkassamittelkurs am Bilanzstichtag umgerechnet.

2.6 Aktiver Unterschiedsbetrag aus der Vermögensverrechnung

Frage: Was ist ein aktiver Unterschiedsbetrag aus der Vermögensverrechnung?

Ein aktiver Unterschiedsbetrag aus der Vermögensverrechnung ist der **Saldo aus bestimmten Vermögenswerten und Schulden**, die - in Durchbrechung des Saldierungsverbots - miteinander verrechnet werden. Der Saldo ist aktiv, wenn der Wert der Vermögensgegenstände den Wert der Schulden, mit denen die Vermögensgegenstände saldiert werden, übersteigt. Er ist in der Bilanz unter einem gesonderten Posten (Position E. des Gliederungsschemas gem. § 266 Abs. 2 HGB) auf der Aktivseite anzusetzen (§ 246 Abs. 2 Satz 3 HGB).

Gem. § 246 Abs. 2 Satz 2 HGB müssen Vermögensgegenstände, die dem Zugriff aller übrigen Gläubiger entzogen sind und ausschließlich der Erfüllung von Schulden aus Altersversorgungsverpflichtungen oder vergleichbaren langfristigen Verpflichtungen dienen, mit diesen Schulden verrechnet werden. Es handelt sich hierbei z. B. um einen Pensionsfonds, auf den ein Unternehmen Vermögenswerte (liquide Mittel, Wertpapiere) überträgt und aus dem die Betriebsrenten, die das Unternehmen Mitarbeitern zugesagt hat, gezahlt werden.

Die Vermögensgegenstände sind gem. § 253 Abs. 1 Satz 4 HGB mit dem beizulegenden Zeitwert zu bewerten. Liegt der beizulegenden Zeitwert über den Anschaffungskosten, werden das Anschaffungswertprinzip und das Realisationsprinzip (s. Abschnitt 1.4.2) verletzt. Dem entsprechend besteht für die Erträge (abzüglich passiver latenter Steuern, s. Abschnitt 2.10) aus einer Bewertung über den Anschaffungskosten gem. § 268 Abs. 8 Satz 3 HGB eine Ausschüttungssperre. Im Anhang müssen die Anschaffungskosten und der beizulegende Zeitwert der verrechneten Vermögensgegenstände, der Erfüllungsbetrag der verrechneten Schulden, die Aufwendungen und Erträge sowie die der Bestimmung des beizulegenden Zeitwertes zugrundeliegenden Annahmen angegeben werden (§ 285 Satz 1 Nr. 25 i. V. m. Nr. 20a HGB).

2.7 Bilanzierung des Eigenkapitals

Frage: Was ist Eigenkapital?

Das Eigenkapital ist der **Saldo aus dem Vermögen** eines Unternehmens **und dem Fremdkapital**. Es setzt sich aus verschiedenen Bestandteilen zusammen, die getrennt zu bilanzieren sind. Die Aufgliederung des Eigenkapitals von Kapitalgesellschaften gem. § 266 Abs. 3 HGB in

- Gezeichnetes Kapital,
- Kapitalrücklage,
- Gewinnrücklagen,
- Gewinnvortrag / Verlustvortrag und
- Jahresüberschuss / Jahresfehlbetrag

unterscheidet die Bestandteile nach ihrer Entstehung, insbesondere danach, ob das Eigenkapital von den Anteilseignern eingezahlt wurde oder ob es aus erwirtschafteten Gewinnen gebildet wurde.
Die folgenden Ausführungen betreffen das Eigenkapital von Aktiengesellschaften.

2.7.1 Gezeichnetes Kapital

Frage: Was ist Gezeichnetes Kapital?

Das gezeichnete Kapital ist das Kapital, auf das die Haftung der Gesellschafter gegenüber den Gläubigern einer Kapitalgesellschaft beschränkt ist (§ 272 Abs. 1 Satz 1 HGB). Das gezeichnete Kapital einer Aktiengesellschaft entspricht ihrem Grundkapital. Das Grundkapital sind die Einlagen, die von den Anteilseignern einer Aktiengesellschaft aufgebracht werden müssen. Die Höhe ist in der Satzung festgelegt und kann nur durch einen förmlichen Beschluss der Hauptversammlung zur Änderung der Satzung erhöht bzw. verringert werden. Die Herabsetzung des Grundkapitals ist nur unter bestimmten Bedingungen möglich (vgl. §§ 222 ff. AktG) und an strenge Gläubigerschutzbedingungen geknüpft, da durch die Herabsetzung das Haftungskapital verringert wird.

Gem. § 7 AktG muss das Grundkapital einer Aktiengesellschaft mindestens 50.000 € betragen. Es ist in Aktien verbrieft. Die Aktien können einen Nennwert haben, dann entspricht das Grundkapital der Anzahl der Aktien * Nennwert je Aktie. Haben die Aktien keinen Nennwert, spricht man von Stückaktien. Der Anteil einer Stückaktie am Grundkapital entspricht dem Grundkapital / Anzahl der ausgegebenen Stückaktien.

Das Grundkapital erhöht sich durch die Ausgabe neuer Aktien und verringert sich durch den Einzug ausgegebener Aktien.

Beispiel:

Werden 100.000 Stück neue Aktien mit einem Nennwert von 1 € / Stück ausgegeben, erhöht sich das Grundkapital um 100.000 €, unabhängig vom Ausgabekurs der Aktien. Werden hingegen 100.000 Stück ausgegebene Aktien mit einem Nennwert von 1 € / Stück eingezogen, verringert sich das Grundkapital um 100.000 €, unabhängig vom Kurswert der Aktien.

Das gezeichnete Kapital muss vor der Eintragung der Gesellschaft in das Handelsregister nicht vollständig, sondern nur zu einem bestimmten Teil eingezahlt werden (§ 36a AktG, § 7 Abs. 2 GmbHG). Für den Bilanzausweis ist zu beachten, ob ein Teil der ausstehenden Einlagen bereits von den Gesellschaftern eingefordert, aber noch nicht eingezahlt worden ist. Gem. § 272 Abs. 1 S. 3 HGB müssen eingeforderte, aber noch nicht eingezahlte ausstehende Einlagen auf der Aktivseite unter den Forderungen gesondert ausgewiesen werden. Die nicht eingeforderten ausstehenden Einlagen sind auf der Passivseite im Eigenkapital von dem Posten „Gezeichnetes Kapital“ offen abzusetzen. Der Saldo bildet eine neue Eigenkapitalposition „Eingefordertes Kapital“.

Beispiel:

Eine Kapitalgesellschaft hat ein gezeichnetes Kapital von 1 Mio. €. Davon sind 500.000 € eingezahlt, 500.000 € stehen noch aus. Zum Bilanzstichtag sind 200.000 € des noch ausstehenden Betrages von den Gesellschaftern eingefordert, aber noch nicht eingezahlt worden. Die folgende Abbildung zeigt den Ausweis des ausstehenden Kapitals. Dabei ist unterstellt, dass sich der eingezahlte Betrag auf Bankkonten befindet. Alle weiteren Vorgänge im Unternehmen sind unberücksichtigt:

Aktiva	**Bilanz zum 31.12.2000** (in €)		Passiva
B. Umlaufvermögen		A. Eigenkapital	
II. Forderungen und sonstige Vermögensgegenstände		I. Gezeichnetes Kapital 1.000.000	
- Eingefordertes, aber noch nicht eingezahltes Kapital	200.000	- nicht eingeforderte Einlagen 300.000	
IV. Kasse	500.000	Eingefordertes Kapital	700.000

Abb. 2.10: Ausstehende Einlagen auf das gezeichnete Kapital

2.7.2 Kapitalrücklage

Frage: Was ist eine Kapitalrücklage, wie wird sie gebildet und wie wird sie aufgelöst?

In der Kapitalrücklage werden alle Beträge erfasst, die von den Anteilseignern über das gezeichnete Kapital hinaus eingezahlt werden. Gem. § 272 Abs. 2 HGB handelt es sich um

- das Agio bei der Ausgabe von Anteilen oder Bezugsanteilen,
- das Agio bei der Ausgabe von Wandelschuldverschreibungen oder Optionsanleihen,
- Zuzahlungen von Gesellschaftern gegen Gewährung eines Vorzugs für ihre Anteile und
- andere Zuzahlungen von Gesellschaftern in das Eigenkapital.

Beispiel:

Eine AG gibt 100.000 Stück neue Aktien mit einem Nennwert von 1 € / Stück zu einem Kurs von 3 € / Stück aus. Dadurch erhöht sich das Eigenkapital um insgesamt 300.000 €: das Gezeichnete Kapital um 100.000 €, die Kapitalrücklage um 200.000 €.

Die Kapitalrücklagen, die aus den ersten drei oben genannten Punkten stammen, dürfen nur unter bestimmten Bedingungen (vgl. § 150 Abs. 3 und 4 AktG) aufgelöst werden. Für die aus anderen Zuzahlungen resultierenden Beträge bestehen keine Auflösungsbestimmungen.

2.7.3 Gewinnrücklagen

Frage: Was sind Gewinnrücklagen und wie werden die unterschiedlichen Beträge gebildet bzw. aufgelöst?

Gewinnrücklagen werden aus den Ergebnissen gebildet, die die Gesellschaft erwirtschaftet. Gem. § 266 Abs. 3 HGB wird unterschieden in

- die gesetzliche Rücklage,
- die Rücklage für Anteile an einem herrschenden oder mehrheitlich beteiligten Unternehmen,
- satzungsmäßige Rücklagen und
- andere Gewinnrücklagen.

In die **gesetzliche Rücklage** müssen gem. § 150 Abs. 2 AktG in jedem Geschäftsjahr 5 % des Jahresüberschusses (ggf. korrigiert um einen Verlustvortrag) eingestellt werden, bis die gesetzliche Rücklage und die Kapitalrücklage aus den ersten drei in Abschnitt 2.6.2 genannten Punkten zusammen mindestens 10 % (die Satzung kann einen höheren Satz bestimmen) des Grundkapitals betragen.

Beispiel:

Das Eigenkapital einer AG besteht aus folgenden Bestandteilen:

Gezeichnetes Kapital:	1.000.000 €
Kapitalrücklage:	50.000 €
Gesetzliche Rücklage:	10.000 €
Jahresüberschuss:	70.000 €

Die Kapitalrücklage und die gesetzliche Rücklage betragen zusammen 60.000 €, also weniger als 10 % des Grundkapitals (100.000 €). Daher müssen 5 % des Jahresüberschusses (3.500 €) in die gesetzliche Rücklage eingestellt werden.

Die gesetzliche Rücklage und die Kapitalrücklage aus den ersten drei in Abschnitt 2.6.2 genannten Punkten bilden eine Einheit und unterliegen gemeinsam den Auflösungsbestimmungen gem. § 150 Abs. 3 und 4 AktG.

Die **Rücklage für Anteile an einem herrschenden oder mehrheitlich beteiligten Unternehmen** muss gem. § 272 Abs. 4 HGB als Gegenposition für Anteile an entsprechenden Unternehmen, die i. d. R. im Umlaufvermögen bilanziert werden (s. Abschnitt 2.5.3; zur Ausnahme der Regel s. Gesetzentwurf 2008, Begründung B. Besonderer Teil zu Nr. 23 zu Abs. 4)), in gleicher Höhe gebildet werden. Der notwendige Betrag kann neben dem Jahresüberschuss auch den anderen frei verfügbaren Gewinnrücklagen entnommen werden. Die Rücklage wird in dem Maße aufgelöst, wie sich die Gegenposition auf der Aktivseite durch Veräußerung, Einziehung oder Abwertung verringert.

Satzungsmäßige Rücklagen werden aufgrund von Bestimmungen im Gesellschaftsvertrag oder in der Satzung gebildet und aufgelöst.

Andere Gewinnrücklagen sind alle Gewinnrücklagen, die aus dem Jahresüberschuss gebildet werden und nicht gesondert ausgewiesen werden müssen. Gem. § 58 Abs. 2 AktG können Vorstand und Aufsichtsrat einer Aktiengesellschaft, wenn sie den Jahresabschluss feststellen, bis zu 50 % (abweichende Satzungsbestimmung möglich) des Jahresüberschusses (ggf. korrigiert um Einstellungsbeträge in die gesetzliche Rücklage oder einen Verlustvortrag) in die anderen Gewinnrücklagen einstellen. Weitere Einstellungen sind durch die Hauptversammlung im Rahmen des Gewinnverwendungsbeschlusses möglich. Für die Auflösung der anderen Gewinnrücklagen gibt es keine Beschränkungen.

2.7.4 Ergebnis

Die Positionen „Gewinnvortrag / Verlustvortrag“ und „Jahresüberschuss / Jahresfehlbetrag“ bilden zusammen das Ergebnis, das einbehalten oder ausgeschüttet werden kann. Bei einem **Gewinn- bzw. Verlustvortrag** handelt es sich um noch nicht verwendete Beträge aus vergangenen Geschäftsjahren. Der **Jahresüberschuss bzw. Jahresfehlbetrag** entspricht dem Ergebnis des abgelaufenen Geschäftsjahres, das in der Gewinn- und Verlustrechnung ermittelt wird.

Die Gliederung gem. § 266 Abs. 3 HGB stellt das Eigenkapital vor Ergebnisverwendung dar. Häufig wird das Eigenkapital nach teilweiser Ergebnisverwendung, also bereits nach Einstellungen in Gewinnrücklagen ausgewiesen. An die Stelle der Ergebnisvorträge und des Jahresergebnisses tritt dann gem. § 268 Abs. 1 S. 2 HGB die Position Bilanzgewinn bzw. Bilanzverlust (s. Abschnitt 3.5).

2.7.5 Eigene Anteile

Frage: Was sind eigene Anteile und wie werden sie bilanziert?

Eigene Anteile sind Anteile eines Unternehmens, die dieses Unternehmen selbst hält. §§ 71 ff. AktG regeln den Erwerb und die Veräußerung bzw. Einziehung eigener Aktien von

Aktiengesellschaften. Gem. § 71 Abs. 1 AktG dürfen eigene Aktien nur in den aufgeführten Fällen, z. B. zur Ausgabe von Belegschaftsaktien oder mit Hauptversammlungsbeschluss zur Herabsetzung des Grundkapitals erworben werden.

Gem. § 272 Abs. 1a HGB werden eigene Anteile nicht in der Bilanz im Vermögen ausgewiesen, sondern auf der Passivseite mit dem Eigenkapital saldiert. Der Nennbetrag der eigenen Aktien bzw. der rechnerische Anteil am gezeichneten Kapital ist in einer Vorspalte offen von dem Posten „Gezeichnetes Kapital" abzusetzen. Die Differenz zwischen dem Nennbetrag bzw. dem rechnerischen Anteil am gezeichneten Kapital und den Anschaffungskosten ist mit den frei verfügbaren Rücklagen zu verrechnen. Anschaffungsnebenkosten, wie z. B. eine Maklergebühr, sind als Aufwand zu erfassen und mindern das Ergebnis im Jahr des Erwerbs.

Beispiel:

Das Eigenkapital einer AG besteht aus folgenden Bestandteilen:

Gezeichnetes Kapital:	1.000.000 €
Kapitalrücklage:	500.000 €
Andere Gewinnrücklagen:	2.100.000 €
Jahresüberschuss:	100.000 €

Die AG erwirbt am 25.2.00 100 eigene Aktien mit einem Nennwert von 5 €/Aktie zu einem Kurs von 20 €/Aktie. Es fallen Kosten in Höhe von 10 € an. Die AG stellt ihr Eigenkapital daraufhin wie folgt dar (Ertragsteuern werden nicht berücksichtigt):

Gezeichnetes Kapital:	1.000.000 €	
- eigene Aktien	- 500 €	
Ausgegebenes Kapital		999.500 €
Kapitalrücklage:		500.000 €
Andere Gewinnrücklagen:		2.098.500 €
Jahresüberschuss:		99.990 €

Werden eigene Aktien wieder verkauft, erhöht sich gem. § 272 Abs. 1b HGB das Eigenkapital um den Verkaufserlös: Bis zur Höhe der Anschaffungskosten werden die Saldierung im gezeichneten Kapital rückgängig gemacht und die Gewinnrücklagen wieder erhöht. Verluste werden ggf. dadurch berücksichtigt, dass die Rücklagen nicht um den ursprünglichen Betrag, sondern nur um die Differenz zwischen dem Nennwert bzw. dem anteiligen gezeichneten Kapital und dem Verkaufserlös erhöht werden. Werden die eigenen Aktien mit Gewinn verkauft, wird der die Anschaffungskosten übersteigende Betrag in die Kapitalrücklage eingestellt. Damit werden sowohl Verluste als auch Gewinne aus dem Verkauf eigener Aktien erfolgsneutral berücksichtigt. Die im Rahmen des Verkaufs anfallenden Nebenkosten werden als Aufwand erfasst.

Beispiel (Fortsetzung):

Verkauf mit Gewinn:
Die AG verkauft die eigenen Aktien zu einem Kurs von 25 €/Aktie. Es fallen Kosten in Höhe von 10 € an. Die AG stellt ihr Eigenkapital daraufhin wie folgt dar (Ertragsteuern werden nicht berücksichtigt):

Gezeichnetes Kapital:	1.000.000 €
Kapitalrücklage:	500.500 €
Andere Gewinnrücklagen:	2.100.000 €
Jahresüberschuss:	99.980 €

Verkauf mit Verlust:
Die AG verkauft die eigenen Aktien zu einem Kurs von 15 €/Aktie. Es fallen Kosten in Höhe von 10 € an. Die AG stellt ihr Eigenkapital daraufhin wie folgt dar (Ertragsteuern werden nicht berücksichtigt):

Gezeichnetes Kapital:	1.000.000 €
Kapitalrücklage:	500.000 €
Andere Gewinnrücklagen:	2.099.500 €
Jahresüberschuss:	99.980 €

2.8 Bilanzierung des Fremdkapitals

Frage: Was ist Fremdkapital?

Fremdkapital steht einem Unternehmen in der Regel nur für einen begrenzten Zeitraum zur Verfügung bzw. kann von dem Fremdkapitalgeber unter Einhaltung einer vereinbarten Kündigungsfrist zurückgefordert werden. Es vermittelt keine Eigentümerrechte wie z. B. das Recht auf einen Anteil am Gewinn des Unternehmens.
Das Fremdkapital einer Kapitalgesellschaft wird in **ungewisses Fremdkapital (Rückstellungen)** und in **Fremdkapital, das nicht mit Unsicherheiten verbunden ist (Verbindlichkeiten)**, unterteilt.

2.8.1 Rückstellungen

Frage: Was sind Rückstellungen?

Rückstellungen dienen dazu Wertminderungen zu erfassen, die zwar erst in künftigen Perioden zu Vermögensminderungen führen, deren wirtschaftliche Verursachung jedoch in der aktuellen Periode oder in früheren Perioden liegt. Im Gegensatz zu Verbindlichkeiten handelt es sich bei Rückstellungen um künftige Vermögensbelastungen, die hinsichtlich ihres Bestehens, ihres zeitlichen Eintretens und / oder ihrer Höhe ungewiss, aber hinreichend sicher sind.

Beispiel:

Ein Handelsunternehmen bestellt im Dezember 00 Waren für 5.000 €. Die Ware soll im Januar 01 geliefert werden. Ende Dezember 00 ist der Preis für entsprechende Waren jedoch gesunken, so dass das Unternehmen die Ware lediglich für insgesamt 4.900 € wird weiterverkaufen können. Es hat also bereits im Dezember 00 eine Wertminderung stattgefunden. Die Vermögensminderung, nämlich die Zahlung von 5.000 € für Ware, die dann voraussichtlich nur 4.900 € wert sein wird, wird erst im Jahr 01 eintreten. Die wirtschaftliche Verursachung, nämlich der Vertragsabschluss, liegt aber bereits im Jahr 00, weshalb die Wertminderung bereits im Jahr 00 als Aufwand zu erfassen ist. Die Wertminderung der Waren kann jedoch noch nicht durch eine Abschreibung erfasst werden, da die Waren noch nicht im Betriebsvermögen des Unternehmens sind. Der Aufwand wird daher in einer Passivposition, den Rückstellungen, gegengebucht. Es handelt sich um eine Rückstellung für drohende Verluste aus schwebenden Geschäften.

Frage: In welchen Fällen werden Rückstellungen gebildet und wann werden sie wieder aufgelöst?

Der Gesetzgeber hat in § 249 Abs. 1 HGB die Fälle, in denen Rückstellungen gebildet werden müssen, abschließend aufgeführt:

- Ungewisse Verbindlichkeiten (z. B. aus einem laufenden Prozess),
- drohende Verluste aus schwebenden Geschäften (s. o.),
- im Geschäftsjahr unterlassene Aufwendungen für Instandhaltung, die im folgenden Geschäftsjahr nachgeholt werden,
- im Geschäftsjahr unterlassene Aufwendungen für Abraumbeseitigung, die im folgenden Geschäftsjahr nachgeholt werden, und
- Gewährleistungen, die ohne rechtliche Verpflichtung erbracht werden (Kulanz).

Für andere Zwecke dürfen keine Rückstellungen gebildet werden (§ 249 Abs. 2 s. 1 HGB).

Aufgrund des Maßgeblichkeitsprinzips sind Rückstellungen, die in der Handelsbilanz angesetzt werden müssen, auch in der Steuerbilanz zu bilden, sofern steuerrechtlich keine andere Vorschrift besteht. Gem. § 5 Abs. 4a EStG dürfen z. B. Rückstellungen für drohende Verluste aus schwebenden Geschäften in der Steuerbilanz nicht angesetzt werden.

Rückstellungen werden über das zugehörige Aufwandskonto (z. B. Steueraufwand für Steuerrückstellungen) oder, sofern noch nicht erkennbar ist, welche Aufwandsarten in welcher Höhe betroffen sind, über „sonstigen betrieblichen Aufwand“ gebildet. Aufgelöst werden Rückstellungen, wenn der Grund für ihre Existenz entfallen ist (§ 249 Abs. 2 Satz 2 HGB). Entspricht die Höhe der Rückstellung nicht der tatsächlich eingetretenen Vermögensminderung, entsteht grundsätzlich entweder zusätzlicher Aufwand (Rückstellung ist zu niedrig) oder ein Ertrag (Rückstellung ist zu hoch).

Frage: Wie werden Rückstellungen in der Bilanz ausgewiesen?

Der Ausweis von Rückstellungen in der Handelsbilanz ist lediglich für Kapitalgesellschaften gesetzlich geregelt. Gem. § 266 Abs. 3 HGB müssen die Rückstellungen wie folgt aufgegliedert werden:

- Rückstellungen für Pensionen und ähnliche Verpflichtungen,
- Steuerrückstellungen,
- Sonstige Rückstellungen.

Pensionsrückstellungen müssen gebildet werden, wenn ein Unternehmen Arbeitnehmern eine Leistung nach Beendigung des Arbeitsverhältnisses zugesagt hat und diese auch selbst erbringt (unmittelbare Leistungszusage). Es handelt sich hierbei um eine Verbindlichkeit des Unternehmens, die der Fälligkeit und der Höhe nach ungewiss ist. Es besteht ein Wahlrecht zum Ansatz von Pensionsansprüchen, die vor dem 1.1.1987 erworben wurden, für deren Erhöhungen, für mittelbare Verpflichtungen aus Zusagen für eine Pension sowie für ähnliche unmittelbare oder mittelbare Verpflichtungen (Art. 28 Abs. 1 EGHGB).

Schulden aus Altersversorgungsverpflichtungen und vergleichbaren langfristig fälligen Verpflichtungen sind gem. § 246 Abs. 2 Satz 2 HGB mit Vermögensgegenständen zu verrechnen, wenn diese ausschließlich der Erfüllung dieser Schulden dienen und dem Zugriff aller übrigen Gläubiger entzogen sind (s. hierzu auch Abschnitt 2.6). Hierbei handelt es sich um eine explizite Durchbrechung des Saldierungsverbots.

Zum Ansatz von Pensionsrückstellungen in der Steuerbilanz müssen gem. § 6a Abs. 1 und 2 EStG folgende Voraussetzungen erfüllt sein:

- der Pensionsberechtigte muss einen Rechtsanspruch auf die Leistung haben,
- das Unternehmen muss seine Zusage schriftlich und ohne Vorbehalt geleistet haben und
- der Berechtigte ist seit Mitte des Geschäftsjahres mindestens 27 Jahre alt oder der Versorgungsfall ist bereits eingetreten.

Da handelsrechtlich keine Altersgrenze für die Bildung der Pensionsrückstellungen besteht, kann es z. B. hierdurch zu einer Abweichung zwischen Handels- und Steuerbilanz kommen.

Auch bei den **Steuerrückstellungen** handelt es sich um eine Rückstellung für ungewisse Verbindlichkeiten. Sie werden für Steuerverpflichtungen gebildet, die zwar im abgelaufenen oder in einem früheren Geschäftsjahr entstanden sind, deren Höhe im Zeitpunkt der Jahresabschlusserstellung jedoch noch nicht feststeht. Hierzu zählen auch Steuernachzahlungen, die möglicherweise aufgrund einer laufenden Betriebsprüfung im kommenden Geschäftsjahr geleistet werden müssen. In der Steuerbilanz werden Steuerrückstellungen nur für abzugsfähige Steuern, wie z. B. Verbrauchsteuern, gebildet.

Alle weiteren Rückstellungen werden in den **sonstigen Rückstellungen** zusammengefasst. Hierzu gehören z. B.

- **Garantierückstellungen**: Garantieverpflichtungen sind bis zum Eintritt des Garantiefalls bzw. bis zum Ablauf der Garantiefrist sowohl in ihrer Höhe als auch in ihrem zeitlichen Eintreten unsicher, da nicht bekannt ist, in welchem Ausmaß und wann Garantiefälle eintreten. Es handelt sich somit um ungewisse Verbindlichkeiten, für die gem. § 249 Abs. 1 Satz 1 HGB eine Rückstellungspflicht besteht.
- **Drohverlustrückstellungen**: gem. § 249 Abs. 1 Satz 1 HGB müssen für drohende Verluste aus schwebenden Geschäften Rückstellungen gebildet werden. Schwebende Geschäfte sind solche Geschäfte, bei denen bereits ein Vertrag geschlossen worden ist, aber noch keine der beiden Seiten ihre vertragliche Verpflichtung erfüllt hat. Hat der Lieferant die zu liefernden Produkte bereits erworben, hergestellt oder mit der Produktion begonnen, kann ein voraussichtlicher Verlust durch Abschreibung der Vorräte erfasst werden. Ist dies nicht der Fall (s. obiges Grundsatzbeispiel), ist der Verlust durch Bildung einer Rückstellung zu erfassen. Verluste können auch aus Geschäften entstehen, die mehrere Jahre betreffen, wenn sich die wirtschaftlichen Verhältnisse so ändern, dass die Vertragsbedingungen unvorteilhaft werden. Dies geschieht z. B. aus Sicht eines Darlehensnehmers, wenn die Zinsen für entsprechende Darlehen nachhaltig sinken.
- **Rückstellungen für Gewährleistungen ohne rechtliche Verpflichtung**: gem. § 249 Abs. 1 Satz 2 Nr. 2 HGB muss für Gewährleistungen auch eine Rückstellung gebildet werden, wenn keine rechtliche, aber eine wirtschaftliche Verpflichtung besteht, weil das Unternehmen entsprechende Leistungen in der Regel aus Kulanz erbringt.
- **Urlaubsrückstellungen**: hat ein Arbeitnehmer im abgelaufenen Geschäftsjahr den ihm zustehenden Urlaub nicht vollständig in Anspruch genommen und kann er den Urlaub entweder im folgenden Geschäftsjahr nachholen oder steht ihm eine Abfindung zu, muss für diese Verpflichtung gegenüber dem Arbeitnehmer eine Rückstellung gebildet werden.
- **Rückstellungen für unterlassene Instandhaltungsmaßnahmen**: wäre im abgelaufenen Geschäftsjahr eine Instandhaltungsmaßnahme aus betriebswirtschaftlicher Sicht notwendig gewesen, muss eine Rückstellung für die Durchführung dieser Maßnahme gebildet

werden, wenn sie in den ersten drei Monaten des folgenden Geschäftsjahres durchgeführt werden soll (§ 249 Abs. 1 Satz 2 Nr. 1 HGB).

- **Rückstellungen für unterlassene Abraumbeseitigung**: plant das Unternehmen, in der folgenden Periode Abraum (z. B. unbrauchbare Gesteine im Bergbau oder Schlagabraum in der Forstwirtschaft), der bis zum Bilanzstichtag entstanden ist, zu beseitigen, muss für die Beseitigung eine Rückstellung gebildet werden (§ 249 Abs. 1 Satz 2 Nr. 1 HGB).

Zur transparenten Darstellung der Entwicklung der Rückstellungen bietet sich ein Rückstellungsspiegel an, der z. B. wie folgt aussehen kann:

	Stand zum 1.1.	**Zuführung**	**Aufzinsung**	**Verbrauch**	**Auflösung**	**Stand zum 31.12.**
Umweltlastensanierung						
Drohende Verluste aus schwebenden Geschäften						
Prozesse						
Restrukturierungen						
Gewährleistungen						
Sonstige Rückstellungen						

Abb. 2.11: Schema eines Rückstellungsspiegels

Frage: Wie werden Rückstellungen bewertet?

Gem. § 253 Abs. 1 Satz 2 HGB dürfen Rückstellungen nur in Höhe des Erfüllungsbetrages angesetzt werden, der **nach vernünftiger kaufmännischer Beurteilung** notwendig ist. Der Wert darf also nicht z. B. zur Gewinngestaltung willkürlich hoch festgelegt werden. Handelt es sich bei der Rückstellung um eine Verpflichtung, deren Höhe unsicher ist, muss der Betrag geschätzt werden.
Der Erfüllungsbetrag ist der Betrag, mit dem die Verpflichtung in der Zukunft voraussichtlich erfüllt werden wird. Künftige Preis- und Kostensteigerungen sind daher zu berücksichtigen.
Eine vernünftige kaufmännische Beurteilung setzt voraus, dass die Schätzung auf objektiven Kriterien beruht und dadurch **für einen Dritten nachvollziehbar** ist. Für den Eintritt künftiger Preis- und Kostenentwicklungen müssen ausreichende objektive Hinweise bestehen.

Rückstellungen mit einer Restlaufzeit von mehr als einem Jahr sind gem. § 253 Abs. 2 Satz 1 HGB abzuzinsen. Der Abzinsung ist der durchschnittliche Marktzinssatz der letzten sieben Geschäftsjahre zugrunde zu legen, der der Restlaufzeit der jeweiligen Rückstellung entspricht. Durch die Durchschnittsbildung sollen Ergebnisschwankungen aufgrund von Schwankungen des Marktzinssatzes möglichst vermieden werden. Der Abzinsungssatz wird gem. § 253 Abs. 2 Satz 4 HGB von der Deutschen Bundesbank aufgrund einer Rechtsverordnung ermittelt und monatlich bekannt gegeben.

Beispiel:

Die X AG wird von der Y AG verklagt, ein Patent verletzt zu haben. Es wird damit gerechnet, dass ein Urteil erst in zwei Jahren gefällt wird. Die X AG schätzt, dass sie 2 Mio. € an die Y

AG wird zahlen müssen. Der Abzinsungssatz für eine Laufzeit von 2 Jahren beträgt gem. der von der Deutschen Bundesbank veröffentlichten Zinsstrukturkurve 5 %. Die X AG bilanziert eine Rückstellung in Höhe von (2 Mio. € / $1{,}05^2$ =) 1,814 Mio. €.

Auch für Rückstellungen gilt der **Grundsatz der Einzelbewertung**. Der Grundsatz kann jedoch durchbrochen und eine **Pauschalrückstellung** gebildet werden, wenn eine größere Anzahl gleichartiger unsicherer Verpflichtungen besteht und eine Einzelbewertung praktisch nicht durchführbar ist, z. B. bei Garantieverpflichtungen. In solchen Fällen werden die gleichartigen Verpflichtungen zusammengefasst und mit Hilfe von statistischen Verfahren bewertet. Dabei wird auf Erfolgswerte der Vergangenheit zurückgegriffen und auf garantiebehaftete Umsätze z. B. der letzten 2 Jahre (gesetzliche Gewährleistungsfrist) Bezug genommen.

Werden Sach- oder Dienstleistungsverpflichtungen (z. B. im Rahmen von Drohverlustrückstellungen) voraussichtlich selbst erbracht, wird die Rückstellung mit den Herstellungskosten in Höhe sämtlicher Einzel- und notwendiger Gemeinkosten, also zu Vollkosten bewertet (vgl. Schubert in Beck'scher Bilanzkommentar 2014, § 253 Anm. 159 m. w. N.). Wird die Leistung durch ein anderes Unternehmen erbracht, sind die Anschaffungskosten für diese Leistung der Bewertungsmaßstab für die Rückstellung.

Für die **Steuerbilanz** ist die Bewertung von Rückstellungen in § 6 Abs. 1 Nr. 3a EStG geregelt. Danach müssen bei Rückstellungen für gleichartige Verpflichtungen Erfahrungen aus der Vergangenheit berücksichtigt werden, mit welcher Wahrscheinlichkeit solche Verpflichtungen eintreten. Rückstellungen für Sachleistungen müssen mit Einzelkosten und angemessenen Teilen der notwendigen Gemeinkosten bewertet werden. Künftige Vorteile im Zusammenhang mit der Erfüllung der Verpflichtung müssen den Wert der Rückstellung mindern, sofern sie nicht aktiviert werden. Rückstellungen für Verpflichtungen, die im laufenden Betrieb entstehen, müssen zeitanteilig in gleichen Raten angesammelt werden (Ansammlungsrückstellungen; z. B. Rückstellungen für die Stilllegung eines Kernkraftwerks).

In der Steuerbilanz sind Rückstellungen grundsätzlich mit 5,5 % abzuzinsen, sofern ihre Laufzeit mindestens 12 Monate beträgt. Für die Bewertung sind die Wertverhältnisse am Bilanzstichtag maßgebend, künftige Preis- und Kostensteigerungen dürfen nicht berücksichtigt werden. Damit wird der Wert der Rückstellungen in der Steuerbilanz voraussichtlich von dem in der Handelsbilanz abweichen.

Bei der Bewertung der Pensionsrückstellungen und der Drohverlustrückstellungen bestehen **Besonderheiten**:

Wird im Falle von **Pensionsrückstellungen** eine Gegenleistung nicht mehr erbracht, ist der Barwert der Verpflichtung anzusetzen. Wird die Gegenleistung noch erbracht, wird der Barwert der Pensionszahlungen während der Dienstzeit angesammelt. Die Höhe der Rückstellung ist von einer **Vielzahl von Parametern** abhängig, die der Bewertung zugrundegelegt werden, z. B.:

- **Berechnungsverfahren**: handelsrechtlich sind bislang das **Gegenwartswert- und** das **Teilwertverfahren**, steuerlich ist nur das Teilwertverfahren zulässig. Bei beiden Verfahren wird bis zum Erreichen des Pensionsalters der Barwert der ab diesem Zeitpunkt potentiell zu leistenden Zahlungen in gleichmäßigen Annuitäten angesammelt. Der Unterschied liegt im Zeitpunkt des Ansammlungsbeginns. Beim Gegenwartswertverfahren wird im Zeitpunkt der Zusage, beim Teilwertverfahren ab dem Zeitpunkt des Diensteintritts mit der Ansammlung begonnen. Fallen beide Zeitpunkte zusammen, führen beide Verfahren zu demselben Ergebnis. Liegt der Diensteintritt vor dem Zeitpunkt einer Zusage, sind die Annuitäten bei Anwendung des Teilwertverfahrens geringer. Allerdings muss in der Bilanz für das Geschäftsjahr, in dem die Zusage gemacht wurde, und damit im Zeitpunkt der erstmaligen Rückstellungsbildung der Gesamtbetrag für die Zeit vom Diensteintritt bis zur Zusage zurückgestellt werden. Es besteht auch die Möglichkeit, den Betrag gleichmäßig auf das Geschäftsjahr der Zusage und die beiden folgenden Geschäftsjahre zu verteilen.

- **Zinssatz** zur Abzinsung der potentiellen Zahlungen: handelsrechtlich ist die von der Deutschen Bundesbank veröffentlichte Zinsstrukturkurve zugrunde zu legen. Zur Vereinfachung kann für sämtliche Pensionsverpflichtungen der durchschnittliche Marktzinssatz für eine Laufzeit von 15 Jahren angewandt werden, sofern die tatsächlichen Laufzeiten nicht extrem davon abweichen (§ 253 Abs. 2 Satz 2 HGB). Steuerlich ist ein Zinssatz von 6 % vorgeschrieben.
- **Leistungsumfang:** da die Rückstellungen mit dem Erfüllungsbetrag anzusetzen sind, sind bei der Bewertung von Pensionsrückstellungen insbesondere auch voraussichtliche Lohn- und Gehaltsentwicklungen sowie Rentenanpassungen zu berücksichtigen.
- **Lebenserwartung**: hierzu werden in der Praxis die Sterbetafeln von Dr. Klaus Heubeck herangezogen.
- **Fluktuation**: es ist zu berücksichtigen, dass nicht alle Arbeitnehmer von ihrem Eintritt in das Unternehmen bis zur Erreichung des Pensionsalters in dem Unternehmen tätig sind.

In der Regel wird zur Bilanzierung der Pensionsrückstellungen ein Gutachten, in dem der zu passivierende Wert ermittelt wird, durch einen Aktuar aufgestellt. In der Praxis werden die Gutachten häufig zwei bis drei Monate vor dem Bilanzstichtag erstellt. Ändern sich die Berechnungsparameter in der Zeit bis zum Bilanzstichtag wesentlich, muss das Gutachten angepasst werden.

Rückstellungen für drohende Verluste aus schwebenden Geschäften werden mit der Differenz zwischen dem Wert der eigenen noch zu erbringenden Leistung und dem Wert der erwarteten Gegenleistung bewertet. Bei der Bewertung sind Beschaffungs-, Absatz und Dauerschuldverhältnisse zu unterscheiden:

- bei **Beschaffungsgeschäften** ergibt sich ein drohender Verlust, wenn die Wiederbeschaffungskosten eines Gutes unter die Anschaffungskosten sinken, die für ein bestelltes Gut anfallen werden. Wurde z. B. ein PC für 3.000 € bestellt, der erst nach dem Bilanzstichtag geliefert wird, und sinkt der Preis für einen entsprechenden PC bis zum Bilanzstichtag auf 2.800 €, so droht ein Verlust in Höhe von 200 €. Durch die Rückstellungsbildung wird der Wertverlust erfasst, der durch eine außerplanmäßige Abschreibung berücksichtigt würde, wenn der Vermögensgegenstand bereits im wirtschaftlichen Eigentum des Unternehmens wäre, wenn also der PC zum Bilanzstichtag bereits geliefert worden wäre. Daher ist bei der Rückstellungsbildung zu unterscheiden, ob es sich bei dem schwebenden Geschäft um die Beschaffung eines Vermögensgegenstandes für das Anlage- oder für das Umlaufvermögen handelt. Ist die Vermögensminderung voraussichtlich nicht von Dauer, besteht eine Rückstellungspflicht nur für Güter, die für das Umlaufvermögen beschafft werden.
- aus **Absatzgeschäften** kann ein Verlust in Höhe der Differenz zwischen dem Wert der eigenen, zugesagten und der erwarteten Gegenleistung resultieren. Wird z. B. die Lieferung eines Gutes für den Absatzpreis von 1.000 € vereinbart und ist am Bilanzstichtag absehbar, dass die Anschaffungs- oder Herstellungskosten dieses Gutes beim Lieferanten 1.100 € betragen werden, so ist – sofern noch kein fertiges oder unfertiges Gut vorhanden ist, das abgeschrieben werden kann - eine Rückstellung in Höhe von 100 € zu bilden. Wird das Gut selbst hergestellt, so sollten zur Bewertung einer Drohverlustrückstellung aufgrund des Vorsichtsprinzips die Herstellungskosten in Höhe der Vollkosten zugrundegelegt werden.

- **Dauerschuldverhältnisse** bestehen z. B. während der Laufzeit eines Darlehens und während der Laufzeit eines Mietvertrages. Steigen bspw. während der Laufzeit eines Mietvertrages die Aufwendungen des Vermieters so weit, dass der Mietzins die Aufwendungen nicht deckt, ist für den über den Mietzins hinausgehenden Betrag für die Restlaufzeit des Mietvertrages eine Drohverlustrückstellung zu bilden. Auch hier sollten sämtliche tatsächlich anfallenden Aufwendungen berücksichtigt werden.

2.8.2 Verbindlichkeiten

Frage: Was sind Verbindlichkeiten?

Verbindlichkeiten sind **Verpflichtungen, deren Höhe und Fälligkeit am Bilanzstichtag feststehen**. Das Unternehmen kann zu der Erfüllung dieser Verpflichtungen mit juristischen Mitteln gezwungen werden und der Wert ist eindeutig ermittelbar. Die Verpflichtung stellt eine künftige wirtschaftliche Belastung in Form von Geldzahlungen, in Form einer Lieferung von Produkten oder in Form der Erbringung von Dienstleistungen dar.

Frage: Wie werden Verbindlichkeiten in der Bilanz ausgewiesen?

Gem. § 266 Abs. 3 HGB müssen die Verbindlichkeiten in folgende Positionen aufgegliedert werden:
- Anleihen,
- Verbindlichkeiten gegenüber Kreditinstituten,
- Erhaltene Anzahlungen auf Bestellungen,
- Verbindlichkeiten aus Lieferungen und Leistungen,
- Verbindlichkeiten aus der Annahme gezogener Wechsel und der Ausstellung eigener Wechsel,
- Verbindlichkeiten gegenüber verbundenen Unternehmen,
- Verbindlichkeiten gegenüber Unternehmen, mit denen ein Beteiligungsverhältnis besteht und
- Sonstige Verbindlichkeiten.

Bei **Anleihen** handelt es sich um in der Regel langfristige Verbindlichkeiten, die an einem organisierten Kapitalmarkt gehandelt werden, z. B. Schuldverschreibungen, Wandel- und Gewinnschuldverschreibungen und Optionsanleihen. Konvertible Anleihen, die ein Umtauschrecht in oder ein Bezugsrecht auf Anteile des Unternehmens gewähren (insbesondere Wandelschuldverschreibungen), müssen mit einem „Davon-Vermerk“ gesondert ausgewiesen werden.

Unter den **Verbindlichkeiten gegenüber Kreditinstituten** werden alle bestehenden sicheren Verpflichtungen gegenüber Kreditinstituten ausgewiesen, also nur in Anspruch genommene Kreditlinien. Hierunter fallen auch antizipative Zinsabgrenzungen (s. Abschnitt 2.9) im Zusammenhang mit Verbindlichkeiten gegenüber Kreditinstituten.

Erhaltene Anzahlungen auf Bestellungen sind Zahlungen, die das Unternehmen von Kunden erhalten hat, obwohl es seinerseits noch keine Leistung erbracht hat. Alternativ zum Ausweis unter den Verbindlichkeiten können diese Beträge auch offen von den Vorräten auf der Aktivseite abgesetzt werden.

Verbindlichkeiten aus Lieferungen und Leistungen entstehen, wenn das Unternehmen Güter erhalten oder Dienstleistungen in Anspruch genommen hat, die Gegenleistung jedoch noch nicht oder nur teilweise erbracht hat. Unter dieser Position ist auch die Verbindlichkeit des Leasingnehmers als Gegenposten zur Aktivseite zu bilanzieren, wenn der Leasing-Gegenstand beim Leasing-Nehmer bilanziert wird (s. Abschnitt 2.1.1). Verbindlichkeiten aus Lieferungen oder Leistungen gegenüber verbundenen Unternehmen und Beteiligungsunternehmen werden unter den Posten der Verbindlichkeiten gegenüber diesen Unternehmen ausgewiesen. Wird eine Lieferantenverbindlichkeit durch einen Wechsel besichert, wird sie als Wechselverbindlichkeit (s. folgende Position) bilanziert.

Verbindlichkeiten aus der Annahme gezogener Wechsel und der Ausstellung eigener Wechsel stellen Verpflichtungen aus Wechseln, die auf das Unternehmen gezogenen und von ihm akzeptiert worden sind, und aus Solawechseln dar. Ist der Gläubiger aus dem Wechsel ein verbundenes Unternehmen oder ein Beteiligungsunternehmen, wird die Verpflichtung in dem jeweiligen Posten der Verbindlichkeiten gegenüber diesen Unternehmen ausgewiesen.

Entsprechend der Vorgehensweise im Finanzanlagevermögen und im Umlaufvermögen sind die **Verbindlichkeiten gegenüber verbundenen Unternehmen** und **Verbindlichkeiten gegenüber Unternehmen, mit denen ein Beteiligungsverhältnis besteht** (zur Abgrenzung s. Abschnitt 2.4.3), gesondert auszuweisen. Hierdurch werden finanzielle Verflechtungen zwischen Unternehmen, die wirtschaftlich eng miteinander verbunden sind, offengelegt. Die Positionen enthalten sämtliche Verbindlichkeiten gegenüber den entsprechenden Unternehmen.

Die Position „**Sonstige Verbindlichkeiten**" ist eine Sammelposition für alle Verbindlichkeiten, die keiner der anderen Positionen zugeordnet werden können. Es handelt sich hierbei z. B. um Verbindlichkeiten gegenüber den Finanzbehörden oder den Sozialversicherungsträgern, Schuldscheindarlehen, Verbindlichkeiten aus Gewinnabführung und antizipative Rechnungsabgrenzungsposten (s. Abschnitt 2.9). Verbindlichkeiten aus Steuern (von dem Unternehmen selbst zu entrichtende Ertragsteuern, aber auch einbehaltene Lohnsteuer und die abzuführende Mehrwertsteuer) und Verbindlichkeiten im Rahmen der sozialen Sicherheit (z. B. die Beiträge zur Rentenversicherung, die noch nicht an den Rentenversicherungsträger überwiesen wurden) sind mit einem „Davon-Vermerk" gesondert auszuweisen.

Verbindlichkeiten dürfen grundsätzlich nicht mit Forderungen saldiert werden (**Saldierungsverbot**, s. Abschnitt 1.4.2). Eine Ausnahme gilt lediglich für Forderungen und Verbindlichkeiten, die gem. § 387 BGB aufrechenbar sind. Danach ist eine Aufrechnung möglich, wenn dieselbe Person gegenüber einer anderen Person sowohl Gläubiger als auch Schuldner ist, die Forderungen und die Verbindlichkeiten gleichartig sind, die Forderungen am Stichtag fällig und die Verbindlichkeiten entweder fällig oder zumindest erfüllbar sind.

Für jede gesondert ausgewiesene Verbindlichkeitenposition müssen große und mittelgroße Kapitalgesellschaften gem. § 268 Abs. 5 Satz 1 HGB die **Beträge mit einer Restlaufzeit von bis zu einem Jahr** und gem. § 285 Nr. 1.a) i. V. m. § 285 Nr. 2 HGB die **Beträge mit einer Restlaufzeit von mehr als 5 Jahren** angeben. Darüber hinaus muss für jede gesondert ausgewiesene Verbindlichkeitenposition der Betrag der Verbindlichkeiten, die durch Pfandrechte oder ähnliche Rechte gesichert sind, unter Angabe von Art und Form der Sicherheiten ausgewiesen werden. Viele Unternehmen kommen diesen Angabepflichten mit Hilfe eines Verbindlichkeitenspiegels im Anhang nach, der z. B. folgende Form haben kann:

	31.12.00	Restlaufzeit			31.12.01
	insgesamt	bis 1 Jahr	über 1 bis 5 Jahre	mehr als 5 Jahre	insgesamt
Anleihen:					
(davon konvertibel)					
(davon durch Pfandrechte gesichert)					
Verbindlichkeiten gegenüber Kreditinstituten:					
(davon durch Pfandrechte gesichert)					
Erhaltene Anzahlungen auf Bestellungen					
Verbindlichkeiten aus Lieferungen und Leistungen					
Verbindlichkeiten aus der Annahme gezogener Wechsel und der Ausstellung eigener Wechsel					
Verbindlichkeiten gegenüber verbundenen Unternehmen					
Verbindlichkeiten gegenüber Unternehmen, mit denen ein Beteiligungsverhältnis besteht					
Sonstige Verbindlichkeiten:					
(davon aus Steuern)					
(davon im Rahmen der sozialen Sicherheit)					

Abb. 2.12: Beispiel für einen Verbindlichkeitenspiegel

Frage: Wie werden Verbindlichkeiten bewertet?

Gem. § 253 Abs. 1 Satz 2 HGB sind Verbindlichkeiten mit ihrem **Erfüllungsbetrag** zu bewerten. Im Falle von Geldleistungen handelt es sich bei dem Erfüllungsbetrag um den Geldbetrag, der im Erfüllungszeitpunkt zu zahlen ist, bei Sachleistungs- oder Sachwertverpflichtungen um den Betrag, der im Erfüllungszeitpunkt voraussichtlich zur Erfüllung der Verbindlichkeit aufgewendet werden muss (z. B. bei erhaltenen Anzahlungen der (ggf. anteilige) Verkaufswert der zu liefernden Ware oder Dienstleistung).
Verbindlichkeiten werden somit in der Handelsbilanz grundsätzlich nicht abgezinst. Im Falle von Wertänderungen ist das **Höchstwertprinzip** (s. Abschnitt 1.4.2) zu beachten: steigt der Erfüllungsbetrag, ist die Verbindlichkeit mit dem höheren Wert anzusetzen, sinkt der Erfüllungsbetrag unter den ursprünglich bilanzierten Betrag, darf der niedrigere Wert nicht angesetzt werden.

Beispiel:

Ein Unternehmen mit Sitz in der Bundesrepublik Deutschland nimmt bei einer Bank in New York ein Darlehen von 500.000 US$ auf. Der Kurs zum Zeitpunkt der Aufnahme beträgt 1 € : 1 US$. Das Darlehen ist somit mit 500.000 US$ * 1/1 €/US$ = 500.000 € zu bilanzieren. Am Bilanzstichtag ist der Kurs auf 1 € : 0,9 US$ gesunken. Das Darlehen ist mit dem neuen Kurs umzurechnen und mit 500.000 US$ * 1/0,9 €/US$ = 555.555,55 € zu bewerten. Wäre der Kurs hingegen auf 1 € : 1,1 € gestiegen, dürfte der auf Basis dieses Kurses umgerechnete Betrag von 500.000 US$ * 1/1,1 €/US$ = 454.545,45 € nicht angesetzt werden, da ansonsten unrealisierte Erträge erfasst würden. Der ursprünglich bilanzierte Betrag von 500.000 € müsste beibehalten werden.

Valutaverbindlichkeiten (Verbindlichkeiten in Fremdwährung) werden mit dem Kurs am Tag ihres Entstehens in Euro umgerechnet. An den folgenden Bilanzstichtagen ist für die Umrechnung in € gem. § 256a HGB der Devisenkassamittelkurs unter Beachtung des Imparitäts-, des Realisations- und des Anschaffungswertprinzips zugrunde zu legen. Ergibt sich also aufgrund von Kursänderungen zum Bilanzstichtag ein Wert, der unter dem Wert bei erstmaligem Ansatz liegt, so darf diese Wertverringerung aufgrund des Realisationsprinzips grundsätzlich nicht erfasst werden, da sonst nicht realisierte Gewinne erfasst würden. Steigt der in Euro umgerechnete Wert, so muss aufgrund des Höchstwertprinzips der höhere Wert angesetzt werden (s. obiges Beispiel). Sinkt der in Euro umgerechnete Wert wieder, bestand bislang ein Wahlrecht, den höheren Betrag beizubehalten oder den Wert wieder zu verringern (vgl. Winnefeld 2006, Kapitel M, Rz. 529). Da seit Verabschiedung des BilMoG für sämtliche Rechtsformen auf der Aktivseite eine Zuschreibungspflicht besteht, ist für die Passivseite analog von einer Wertverringerungspflicht auszugehen. Die Verbindlichkeit muss jedoch mindestens mit dem ursprünglich bilanzierten Betrag angesetzt werden. Bei der Umrechnung von Valutaverbindlichkeiten mit einer Laufzeit von weniger als einem Jahr muss die Verbindlichkeit ohne Rücksicht auf den Kurs am Anschaffungstag mit dem Kurs am Bilanzstichtag umgerechnet werden (§ 256a S. 2 HGB).

Ändert sich der Marktzins für Verbindlichkeiten, die ein Unternehmen mit einem über die Laufzeit festen Zinssatz verzinst, muss im Falle einer nachhaltigen und wesentlichen Zinssenkung eine Drohverlustrückstellung gebildet werden (s. Abschnitt 2.8.1). Der Wert der Verbindlichkeit ändert sich nicht.

Liegt der Rückzahlungsbetrag einer Verbindlichkeit über ihrem Ausgabebetrag, so kann gem. § 250 Abs. 3 Satz 1 HGB die Differenz (**Disagio**) sofort als Aufwand erfasst oder unter den aktiven Rechnungsabgrenzungsposten aktiviert und planmäßig aufgelöst werden. Ist der Rückzahlungsbetrag hingegen niedriger als der Ausgabebetrag, muss die Differenz (**Agio**) als passiver Rechnungsabgrenzungsposten passiviert und über die Laufzeit aufgelöst werden.

Bei **Zerobonds** (Anleihen, die nominell unverzinslich sind, deren Ausgabebetrag aber unter dem Rückzahlungsbetrag liegt; das Disagio entspricht der Verzinsung) wird ausnahmsweise der niedrigere Ausgabebetrag angesetzt und über die Laufzeit aufgezinst, so dass am Ende der Laufzeit die Verbindlichkeit mit ihrem Rückzahlungsbetrag bilanziert wird.

Beispiel:

Ein Unternehmen gibt zum 1.1.00 einen Zerobond mit folgenden Anlagebedingungen heraus: Ausgabekurs: 78,3526 %, Rückzahlungskurs: 100 %, Laufzeit: 5 Jahre, Nominalzins 0 %. Der Ausgabebetrag entspricht 783.526 €, der Rückzahlungsbetrag für die gesamte Anleihe 1.000.000 €. Die Verzinsung beträgt 5 %. Die Anleihe wird im Jahresabschluss des Unternehmens wie folgt bilanziert:

Geschäftsjahr	Buchwert der Anleihe zum 31.12. (in €)	Zinsaufwand (in €)
00	(783.526 + 39.176 =) 822.702	(783.530 * 5 % =) 39.176
01	(822.702 + 41.135 =) 863.837	(822.675 * 5 % =) 41.135
02	907.029	43.192
03	952.381	45.352
04	0	47.619

Verbindlichkeiten aus Lieferungen und Leistungen werden mit dem Rechnungsbetrag bilanziert. Nimmt das Unternehmen regelmäßig Skonto in Anspruch, gilt es als zulässig, sowohl die Verbindlichkeit als auch die Anschaffungskosten der empfangenen Lieferung oder Leistung bei der erstmaligen Verbuchung zu kürzen.

Im Gegensatz zum Handelsrecht schreibt das **Steuerrecht** gem. § 6 Abs. 1 Nr. 3 EStG eine Abzinsung von Verbindlichkeiten mit einem Zinssatz von 5,5 % vor, es sei denn,

- die Verbindlichkeit ist verzinslich,
- die Verbindlichkeit hat eine Laufzeit von weniger als 12 Monaten oder
- es handelt sich um Anzahlungen bzw. um Vorauszahlungen.

2.9 Rechnungsabgrenzungsposten

Frage: Was sind Rechnungsabgrenzungsposten?

Ein Teil der Aufwendungen und Erträge bezieht sich auf einen Zeitraum, z. B. Mieten oder Zinsen. Gemäß dem Grundsatz der zeitlichen Abgrenzung (s. Abschnitt 1.4.2) sind solche Aufwendungen und Erträge unabhängig vom Zahlungszeitpunkt zeitproportional zu erfassen. Wenn in dem Zeitraum, auf den sich ein Aufwand oder ein Ertrag bezieht, ein Bilanzstichtag liegt, muss der Betrag, der sich auf das abgeschlossene Geschäftsjahr bezieht, erfasst und damit von dem Betrag, der das folgende Geschäftsjahr betrifft, abgegrenzt werden. Dies geschieht durch Bildung von Rechnungsabgrenzungsposten.

Beispiel:

Ein Unternehmen überweist am 30.06.00 eine Versicherungsprämie in Höhe von 10.000 € für den Zeitraum vom 01.07.00 – 30.06.01. Bilanzstichtag des Unternehmens ist der 31.12. Die Hälfte der bezahlten Versicherungsprämie betrifft das Geschäftsjahr 00, die andere Hälfte das Geschäftsjahr 01.
Durch die Buchung der Zahlung

Versicherungsaufwand an Bank 10.000 €

ist der Versicherungsaufwand für das Geschäftsjahr 00 zu hoch ausgewiesen. 5.000 €, die erst das nächste Geschäftsjahr betreffen, müssen abgegrenzt werden. Dies geschieht durch eine Buchung am Geschäftsjahresende:

Aktive Rechnungsabgrenzungsposten an Versicherungsaufwand 5.000 €.

Im nächsten Geschäftsjahr wird der Versicherungsaufwand, der das neue Geschäftsjahr betrifft, durch die Auflösung des Rechnungsabgrenzungspostens erfasst:

Versicherungsaufwand an aktive Rechnungsabgrenzungsposten 5.000 €.

Je nachdem, ob die Zahlung im Voraus oder nachträglich erfolgt, werden antizipative oder transitorische Rechnungsabgrenzungsposten gebildet. Wird, wie im obigen Beispiel, die Zahlung im Voraus geleistet, entstehen **transitorische Rechnungsabgrenzungsposten**. Entsteht der Aufwand bzw. der Ertrag vor dem Bilanzstichtag, die Zahlung erfolgt jedoch erst im nächsten Geschäftsjahr, spricht man von **antizipativen Rechnungsabgrenzungsposten**.

Frage: In welchen Bilanzpositionen werden Rechnungsabgrenzungsposten bilanziert?

Lediglich die transitorischen Rechnungsabgrenzungsposten werden gem. § 250 Abs. 1 Satz 1 und Abs. 2 HGB in den entsprechend bezeichneten Positionen des Bilanzgliederungsschemas gem. § 266 HGB (Aktivseite C. und Passivseite D.) erfasst. Es gilt:

Auszahlung vor dem Bilanzstichtag, Aufwand nach dem Bilanzstichtag: **aktiver Rechnungsabgrenzungsposten**.
Einzahlung vor dem Bilanzstichtag, Ertrag nach dem Bilanzstichtag: **passiver Rechnungsabgrenzungsposten**.

Antizipative Rechnungsabgrenzungsposten werden unter den sonstigen Forderungen bzw. unter den sonstigen Verbindlichkeiten (Ausnahme: abgegrenzter Zinsaufwand auf Verbindlichkeiten gegenüber Kreditinstituten werden zusammen mit der Verbindlichkeit bilanziert, s. Abschnitt 2.8.2) ausgewiesen. Es gilt in der Regel:

Aufwand vor dem Bilanzstichtag, Auszahlung nach dem Bilanzstichtag: **sonstige Verbindlichkeit**.
Ertrag vor dem Bilanzstichtag, Einzahlung nach dem Bilanzstichtag: **sonstige Forderung**.

Abbildung 2.13 zeigt die Bilanzierung von Rechnungsabgrenzungsposten im Überblick:

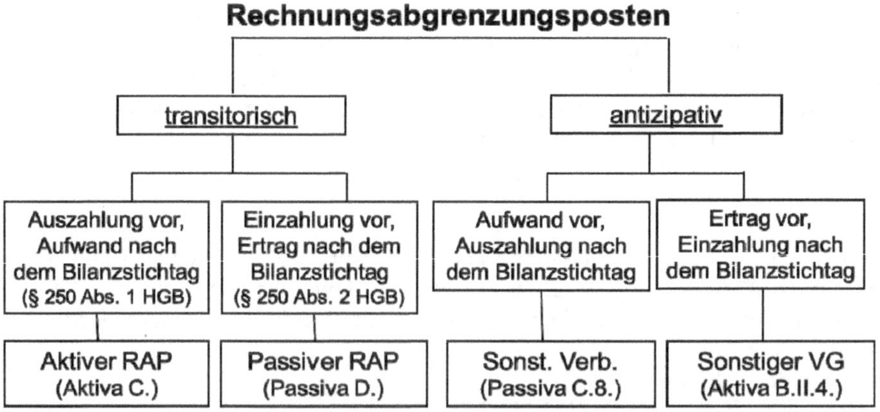

Abb. 2.13: Die Bilanzierung von Rechnungsabgrenzungsposten

2.10 Latente Steuern

Frage: Was sind latente Steuern?

Wird ein Vermögenswert bzw. eine Schuld in der Handelsbilanz anders behandelt (angesetzt bzw. bewertet) als in der Steuerbilanz, kommt es sowohl bei der Entstehung der **Differenz** als auch bei der Reduzierung bzw. Auflösung der Position zu einem Ergebnisunterschied **zwischen Handels- und Steuerbilanz**. Damit der in der handelsrechtlichen GuV ausgewiesene Steueraufwand zu dem dargestellten Ergebnis „passt", muss der sich aus der Steuerbilanz ergebende Ergebnissteueraufwand angepasst werden. Zu diesem Zweck werden latente Steuern gebildet.

Beispiel:

Ein Unternehmen aktiviert im Dezember des Geschäftsjahres 00 in der Handelsbilanz einen selbst erstellten immateriellen Vermögensgegenstand des Anlagevermögens, für den Entwicklungsaufwendungen in Höhe von 100.000 € angefallen sind. Für die Steuerbilanz besteht ein Aktivierungsverbot. Der vorläufige Jahresüberschuss in der Handels- und in der Steuerbilanz beträgt vor Aktivierung der Entwicklungsaufwendungen 100.000 €. Durch die Aktivierung der Entwicklungsaufwendungen steigt der Jahresüberschuss in der Handelsbilanz auf 200.000 €. Unterstellt man einen Ertragsteuersatz von 30 %, ergibt sich ein effektiver Steueraufwand von 30.000 €.
Buchung: **Steueraufwand an sonstige Verbindlichkeiten 30.000 €**.
In der handelsrechtlichen GuV erwartet man jedoch einen Steueraufwand von 60.000 €.
Die Angleichung des Steueraufwands wird durch folgende Buchung ermöglicht: **Steueraufwand an passive latente Steuern 30.000 €**.
Die folgende Abbildung zeigt den Unterschied zwischen Handels- und Steuerbilanz aufgrund der Aktivierung der Entwicklungsaufwendungen:

Aktiva	**Handelsbilanz zum 31.12.00 (in €)**		Passiva
Immat. Vermögensgegenstand des Anlagevermögens	**100.000**	Sonstiges Eigenkapital	500.000
		Ergebnis nach Steuern	**140.000**
Sonstige Aktiva	2.000.000	**Passive latente Steuern**	**30.000**
		Sonstige Passiva	1.430.000
	2.100.000		2.100.000

Aktiva	**Steuerbilanz zum 31.12.00 (in €)**		Passiva
Sonstige Aktiva	2.000.000	Sonstiges Eigenkapital	500.000
		Ergebnis nach Steuern	**70.000**
		Sonstige Passiva	1.430.000
	2.000.000		2.000.000

Abb. 2.14a: Beispiel für die Bildung einer latenten Steuer

Der latente Steuerposten wird in den Perioden aufgelöst, in denen sich die Differenz zwischen der Handels- und der Steuerbilanz wieder auflöst.

Beispiel [Fortsetzung]:

In den Geschäftsjahren 01-04 schreibt das Unternehmen den immateriellen Vermögensgegenstand gleichmäßig über die Nutzungsdauer von 4 Jahren ab. Dadurch ist das handelsrechtliche Ergebnis in diesen Geschäftsjahren jeweils um 25.000 € niedriger als das steuerrechtliche

Ergebnis. Der Steueraufwand wird angeglichen, indem der bei Entstehung der Differenz gebildete latente Steuerposten aufgelöst wird.
Das Ergebnis vor Abschreibung des Vermögensgegenstandes sei in jedem Geschäftsjahr 100.000 €, die sonstigen Aktiva und die sonstigen Passiva bleiben unverändert. Der effektive Steueraufwand beträgt damit bei einem Ertragsteuersatz von 30 % wieder 30.000 €. Das handelsrechtliche Ergebnis vor Steuern hat jedoch aufgrund der Abschreibung eine Höhe von 75.000 €. In der handelsrechtlichen GuV erwartet man einen Steueraufwand von 22.500 €. Der effektive Steueraufwand wird durch die Auflösung der passiven latenten Steuern ausgeglichen. Die Buchung lautet: **passive latente Steuern an Steueraufwand 7.500 €**.
Die folgende Abbildung zeigt die Handelsbilanzen der Geschäftsjahre 01-04. In jedem Geschäftsjahr werden 70.000 € ausgeschüttet. Die Steuerbilanz entspricht dann in jedem Geschäftsjahr derjenigen des Geschäftsjahres 00. Ab dem Geschäftsjahr 05, in dem die Differenz zwischen Handels- und Steuerbilanz nicht mehr besteht, entsprechen sich die beiden Bilanzen wieder.

Aktiva	**Handelsbilanz zum 31.12.01 (in €)**		Passiva
Immat. Vermögensgegenstand des Anlagevermögens	**75.000**	**Sonstiges Eigenkapital**	**570.000**
		Ergebnis nach Steuern	**52.500**
Sonstige Aktiva	2.000.000	**Passive latente Steuern**	**22.500**
		Sonstige Passiva	1.430.000
	2.075.000		2.075.000

Aktiva	**Handelsbilanz zum 31.12.02 (in €)**		Passiva
Immat. Vermögensgegenstand des Anlagevermögens	**50.000**	**Sonstiges Eigenkapital**	**552.500**
		Ergebnis nach Steuern	**52.500**
Sonstige Aktiva	2.000.000	**Passive latente Steuern**	**15.000**
		Sonstige Passiva	1.430.000
	2.050.000		2.050.000

Aktiva	**Handelsbilanz zum 31.12.03 (in €)**		Passiva
Immat. Vermögensgegenstand des Anlagevermögens	**25.000**	**Sonstiges Eigenkapital**	**535.000**
		Ergebnis nach Steuern	**52.500**
Sonstige Aktiva	2.000.000	**Passive latente Steuern**	**7.500**
		Sonstige Passiva	1.430.000
	2.025.000		2.025.000

Aktiva	**Handelsbilanz zum 31.12.04 (in €)**		Passiva
Sonstige Aktiva	2.000.000	**Sonstiges Eigenkapital**	**517.500**
		Ergebnis nach Steuern	**52.500**
		Sonstige Passiva	1.430.000
	2.000.000		2.000.000

Abb. 2.14b: Beispiel für die Auflösung einer latenten Steuer

Grundsätzlich gilt: führt das Entstehen der Differenz in der Handelsbilanz zu einem höheren Eigenkapital als in der Steuerbilanz, sind passive latente Steuern zu bilden. Resultiert aus der Differenz jedoch in der Handelsbilanz ein niedrigeres Eigenkapital als in der Steuerbilanz, sind aktive latente Steuern zu bilanzieren.

Folgende Abbildung verdeutlicht, in welchen Fällen aktive bzw. passive latente Steuern zu bilden sind:

<table>
<tr><th>Art der Differenz</th><th>Beispiel</th><th>Art der latenten Steuer</th></tr>
<tr><td>Vermögensgegenstand in der Handelsbilanz aktiviert, in der Steuerbilanz nicht</td><td>Immaterieller Vermögensgegenstand des Anlagevermögens: handelsrechtlich ggf. Aktivierungswahlrecht, steuerrechtlich Aktivierungsverbot</td><td rowspan="4">Passive latente Steuer</td></tr>
<tr><td>Vermögensgegenstand in der Handelsbilanz höher bewertet als in der Steuerbilanz</td><td>Bewertung von Vermögensgegenständen, die mit Altersversorgungsverpflichtungen verrechnet werden, mit einem beizulegenden Zeitwert, der über den Anschaffungskosten liegt (steuerrechtlich verboten)</td></tr>
<tr><td>In der Steuerbilanz wird eine Schuld passiviert, in der Handelsbilanz nicht</td><td></td></tr>
<tr><td>In der Steuerbilanz wird eine Schuld höher bewertet als in der Handelsbilanz</td><td>Ggf. bei Pensionsrückstellungen, wenn der Abzinsungssatz in der Handelsbilanz weit über dem steuerlichen Zinssatz von 6 % liegt</td></tr>
<tr><td>Vermögensgegenstand in der Steuerbilanz aktiviert, in der Handelsbilanz nicht</td><td>Disagio (handelsrechtlich: Aktivierungswahlrecht, steuerrechtlich: Aktivierungspflicht)</td><td rowspan="4">Aktive latente Steuer</td></tr>
<tr><td>Vermögensgegenstand in der Handelsbilanz niedriger bewertet als in der Steuerbilanz</td><td>Anwendung der degressiven Abschreibung in der Handelsbilanz (steuerrechtlich verboten)</td></tr>
<tr><td>In der Handelsbilanz wird eine Schuld passiviert, in der Steuerbilanz nicht</td><td>Drohverlustrückstellung</td></tr>
<tr><td>In der Handelsbilanz wird eine Schuld höher bewertet als in der Steuerbilanz</td><td>Ggf. bei Pensionsrückstellungen, da in der Handelsbilanz künftige Gehalts- und Pensionssteigerungen zu berücksichtigen sind</td></tr>
</table>

Abb. 2.15: Übersicht zur Bildung latenter Steuern

Eine Besonderheit stellen aktive latente Steuern auf Verlustvorträge dar: Erwirtschaftet ein Unternehmen in einem Geschäftsjahr einen Verlust, so kann das Unternehmen diesen Verlust in der Zukunft mit dann entstehenden Gewinnen verrechnen, so dass dann nur noch die (positive) Differenz zu versteuern ist. Damit kann aus einem Verlustvortrag ein steuerlicher Vorteil gezogen werden. Dieser Vorteil kann in der Bilanz als aktive latente Steuer dargestellt werden.

Beispiel:

Die X AG erwirtschaftet in 00 einen Verlust vor Steuern in Höhe von 1 Mio. €, in 02 einen Gewinn vor Steuern von 2 Mio. €. Ohne die Bildung latenter Steuern stellt sich die Ergebnissituation der X AG bei einem durchschnittlichen Ertragsteuersatz von 30 % wie folgt dar:

	00	01
Ergebnis vor Steuern	- 1.000.000 €	2.000.000 €
Steueraufwand / Steuerertrag		- 300.000 €
Ergebnis nach Steuern	**- 1.000.000 €**	**1.700.000 €**
Verlustvortrag		-1.000.000 €
Bilanzgewinn	-1.000.000 €	700.000 €

Der Steuervorteil aus dem Verlustvortrag wird erst in der Periode gezeigt, in dem Verlustvortrag mit dem Gewinn verrechnet wird.
Werden in der Periode der Verlustentstehung aktive latente Steuern gebildet, wird der Steuervorteil in der Periode ergebniswirksam, in der die Grundlage für den Vorteil, nämlich der Verlust, entsteht. Verluste werden - wie Gewinne – nach Berücksichtigung von Ertragsteuern ausgewiesen:

	00	01
Ergebnis vor Steuern	- 1.000.000 €	2.000.000 €
Steuerertrag / Steueraufwand	300.000 €	- 600.000 €
Ergebnis nach Steuern	**- 700.000 €**	**1.400.000 €**
Verlustvortrag aus dem Vorjahr		-700.000 €
Verlustvortrag / Bilanzgewinn	-700.000 €	700.000 €

Frage: In welchen Fällen werden latente Steuern bilanziert und in welchen Positionen werden sie ausgewiesen?

Die latenten Steuern sind in § 274 HGB geregelt. Da sich die Vorschrift in dem Teil des Dritten Buches des HGB befindet, der die ergänzenden Vorschriften für Kapitalgesellschaften enthält, sind lediglich Kapitalgesellschaften und Unternehmen, die wie Kapitalgesellschaften Rechnung legen müssen (z. B. besondere Personenhandelsgesellschaften), zur Bildung latenter Steuern verpflichtet. Gem. § 274a Nr. 5 HGB sind kleine Kapitalgesellschaften (s. Abschnitt 1.4.1) von der Pflicht zur Bilanzierung latenter Steuern befreit.

Differenzen zwischen der Handels- und der Steuerbilanz eines Unternehmens können in drei Kategorien unterteilt werden:

- Differenzen, die sich in absehbarer Zeit ausgleichen (**zeitliche Differenzen**, Bsp. s. o.),
- Differenzen, die sich in nicht absehbarer Zeit, z. B. erst bei Abgang eines Vermögensgegenstandes, ausgleichen (**quasi permanente Differenzen**, z. B. eine steuerlich nicht anerkannte außerplanmäßige Abschreibung auf ein Grundstück, dessen Veräußerung nicht geplant ist) und
- Differenzen, die sich niemals ausgleichen (**permanente Differenzen**, z. B. eine steuerlich nicht abzugsfähige Spende).

Gem. § 274 Abs. 1 HGB werden latente Steuern auf Differenzen gebildet, die sich in späteren Geschäftsjahren voraussichtlich umkehren, also sowohl auf zeitliche als auch auf quasi permanente Differenzen.

Verlustvorträge sind zu berücksichtigen, sofern die Verrechnung der Verluste mit Gewinnen innerhalb der nächsten fünf Jahre zu erwarten ist. Das Unternehmen muss nachweisen, dass es wahrscheinlich in der gesetzlich angegebenen Zeit wieder Gewinne erwirtschaften wird. Für Unternehmen, die auch in vergangenen Geschäftsjahren nicht immer Gewinne ausweisen konnten, wird dies schwierig sein. Damit wird die Möglichkeit begrenzt, eine schlechte wirtschaftliche Lage mit Hilfe der Aktivierung latenter Steuern günstiger darzustellen.

In der Bilanz können aktive und passive latente Steuern entweder als Saldo in einer oder unsaldiert in zwei Positionen ausgewiesen werden. Aktive latente Steuern sind auf der Aktivseite in der Position „D. Aktive latente Steuern", passive latente Steuern auf der Passivseite in der Position E. Passive latente Steuern" auszuweisen.
Für einen passiven Saldo besteht eine Ansatzpflicht, für einen aktiven Saldo ein Ansatzwahlrecht. Wird ein aktiver Saldo angesetzt, so besteht in Höhe des aktivierten Betrags gem. § 268 Abs. 8 Satz 2 HGB eine **Ausschüttungssperre**. Werden die latenten Steuern unsaldiert ausgewiesen, besteht die Ausschüttungssperre ebenfalls lediglich für den Betrag, um den aktive latente Steuern die passiven übersteigen.

Gem. § 274 Abs. 2 Satz 3 HGB sind latente Steuern aufzulösen, wenn die Steuerbe- bzw. die Steuerentlastung eingetreten ist oder wenn damit nicht mehr gerechnet werden kann.

Im Anhang ist anzugeben, auf welchen Differenzen oder steuerlichen Verlustvorträgen die latenten Steuern beruhen und mit welchen Steuersätzen die Bewertung erfolgt ist (§ 285 Satz 1 Nr. 29 HGB). Der Referentenentwurf zum BilRUG sieht eine Erweiterung der Angabepflichten um die Steuersalden am Bilanzstichtag und deren Änderungen während des Berichtsjahres vor.

Frage: Wie werden latente Steuern bewertet?

Entscheidend für die Bewertung latenter Steuern ist der Steuersatz, der der Berechnung zugrunde gelegt wird. Gem. § 274 Abs. 2 Satz 1 HGB ist von einem unternehmensindividuellen künftigen Steuersatz auszugehen, der in dem Geschäftsjahr gelten wird, in dem sich die jeweilige Differenz voraussichtlich ausgleichen wird. Dieser ist jedoch in der Praxis kaum bekannt. Es werden daher in der Regel **die aktuellen individuellen Steuersätze** zugrunde gelegt. Bei einer Änderung der Steuersätze wird der Bestand an latenten Steuern angepasst. Änderungen deutscher Steuergesetze sind zu berücksichtigen, wenn der Bundesrat einem relevanten Gesetz bis zum bzw. am Bilanzstichtag zugestimmt hat.

Latente Steuern sind gem. § 274 Abs. 2 Satz 1 HGB nicht abzuzinsen.

2.11 Verpflichtungen außerhalb der Bilanz

Frage: Welche Verpflichtungen sind außerhalb der Bilanz auszuweisen?

Verpflichtungen eines Unternehmens müssen außerhalb der Bilanz angegeben werden, wenn

- das Unternehmen zum Zeitpunkt der Bilanzerstellung davon ausgeht, dass aus den Verpflichtungen keine Vermögensverringerung resultieren wird oder wenn

- das Unternehmen Verpflichtungen eingegangen ist, die zu Aufwendungen führen werden, die erst künftige Perioden betreffen.

Zu unterscheiden sind Haftungsverhältnisse, nicht in der Bilanz enthaltene Geschäfte und sonstige finanzielle Verpflichtungen.

Haftungsverhältnisse sind mögliche Belastungen des Vermögens, mit denen jedoch am Bilanzstichtag nicht gerechnet wird. Man spricht auch von Eventualverbindlichkeiten. § 251 HGB führt als Haftungsverhältnisse

- Verbindlichkeiten aus der Begebung und Übertragung von Wechseln,
- Verbindlichkeiten aus Bürgschaften, Wechsel- und Scheckbürgschaften,
- Verbindlichkeiten aus Gewährleistungsverträgen und
- Haftungsverhältnisse aus der Bestellung von Sicherheiten für fremde Verbindlichkeiten

an, die nicht als Verbindlichkeiten oder Rückstellungen zu passivieren sind, da hieraus folgende Belastungen weder sicher noch wahrscheinlich sind. Sie müssen auch aufgeführt werden, wenn gleichwertige Rückgriffsforderungen, z. B. aus einer Rückbürgschaft, bestehen.

Einzelkaufleute und Personenhandelsgesellschaften können Haftungsverhältnisse in einem Betrag angeben. Kapitalgesellschaften, besondere Personenhandelsgesellschaften und Genossenschaften hingegen müssen gem. § 268 Abs. 7 HGB die oben genannten Haftungsverhältnisse gesondert ausweisen, gewährte Pfandrechte und sonstige Sicherheiten angeben und die Verpflichtungen gegenüber verbundenen Unternehmen gesondert anführen.

Gem. Referentenentwurf zum BilRUG sollen diese Angaben künftig zwingend im Anhang erfolgen. Darüber hinaus sollen Verpflichtungen betreffend die Altersversorgung und Verpflichtungen gegenüber assoziierten Unternehmen gesondert ausgewiesen werden.

Wird mit einer Inanspruchnahme aus einer Eventualverbindlichkeit gerechnet, weil sich z. B. die wirtschaftlichen Verhältnisse eines Unternehmens, für dessen Verbindlichkeit das bilanzierende Unternehmen gebürgt hat, wesentlich verschlechtert haben, so ist in Höhe der geschätzten Inanspruchnahme eine Rückstellung für ungewisse Verbindlichkeiten zu bilden. Ist die Inanspruchnahme bereits sicher, weil z. B. der Begünstigte aus einer Bürgschaft bereits zur Zahlung aufgefordert hat, muss in Höhe der Inanspruchnahme eine Verbindlichkeit bilanziert werden.

Große und mittelgroße Kapitalgesellschaften, besondere Personenhandelsgesellschaften und Genossenschaften müssen im Anhang gem. § 285 Nr. 3 HGB Art und Zweck sowie Risiken und Vorteile von **nicht in der Bilanz enthaltenen Geschäften** angeben, soweit dies für die Beurteilung der Finanzlage notwendig ist.

Nicht in der Bilanz enthaltene Geschäfte sind gem. der Begründung zum Entwurf des BilMoG „alle Transaktionen, die von vornherein dauerhaft keinen Eingang in die Handelsbilanz finden oder einen dauerhaften Abgang von Vermögensgegenständen oder Schulden aus der Handelsbilanz nach sich ziehen“ (Begründung zum Entwurf des BilMoG S. 151). Hierzu gehören z. B. Factoring, Verträge mit unbedingter Zahlungsverpflichtung („take or pay“-Verträge), Leasingverträge oder auch die Auslagerung von Tätigkeiten.

Ob die Angabe eines nicht in der Bilanz enthaltenen Geschäfts notwendig ist, muss in jedem Einzelfall auf Grundlage der Auswirkungen des jeweiligen Geschäfts auf die Liquidität und die Fähigkeit zur Erfüllung finanzieller Verpflichtungen in einem überschaubaren Zeitraum gesondert beurteilt werden.

Über Vorteile und Risiken im Hinblick auf die Liquidität und die Zahlungsfähigkeit des Unternehmens ist getrennt zu berichten. Risiken müssen nur insoweit dargestellt werden, als sie nicht bereits in der Bilanz z. B. durch Rückstellungen berücksichtigt worden sind.

Gem. § 285 Nr. 3a HGB sind alle **sonstigen finanziellen Verpflichtungen**, die nicht in der Bilanz bilanziert werden, nicht zu den Haftungsverhältnissen gem. § 251 HGB zählen und nicht gem. § 285 Nr. 3 HGB darzustellen sind, in einem Gesamtbetrag im Anhang anzugeben, sofern die Angabe für die Beurteilung der Finanzlage von Bedeutung ist. Verpflichtungen gegenüber verbundenen Unternehmen sind gesondert zu nennen. Auch in diesem Fall sieht der Referentenentwurf zum BilRUG eine Erweiterung der Angabepflichten um Verpflichtungen betreffend die Altersversorgung und gegenüber assoziierten Unternehmen vor. Zu den sonstigen Verpflichtungen zählen z. B. Investitionen, die zwangsläufig aus bereits begonnenen Investitionsprojekten folgen werden, oder Großreparaturen, die in Zukunft durchgeführt werden müssen, für deren Durchführung jedoch noch keine vertragliche Vereinbarung besteht.

Die sonstigen finanziellen Verpflichtungen müssen auch angegeben werden, wenn sie für die Beurteilung der Finanzlage zwar nicht notwendig, aber doch von Bedeutung sind. Allerdings ist nur der Gesamtbetrag anzugeben und weitere Informationen wie z. B. der Zweck, Risiken und Vorteile, sind nicht darzulegen.

2.12 Prüfungsaufgaben

Aufgabe 2

Geben Sie für die in der folgenden Tabelle aufgeführten Positionen an, ob ein Ansatzgebot, ein -wahlrecht oder ein -verbot besteht, bzw. ob es sich um eine Verpflichtung handelt, die außerhalb der Bilanz angegeben werden muss. Gehen Sie von der Bilanz einer Kapitalgesellschaft aus:

Position	**Ansatzpflicht**		**Ansatzwahlrecht**		**Ansatzverbot**	**Angabe außerhalb der Bilanz**
	Aktiva	**Passiva**	**Aktiva**	**Passiva**		
Pensionsrückstellungen						
Ein für 500 € (netto) erworbener Schreibtisch						
Selbst geschaffener Firmenwert						
Selbst erstelltes Gebäude auf einem gepachteten Grundstück						
Auftragsbestand						
Von dem Unternehmen übernommene Bürgschaft						
Von dem Unternehmen sicherungsübereignete Maschine						

Position	Ansatzpflicht		Ansatzwahlrecht		Ansatzverbot	Angabe außerhalb der Bilanz
	Aktiva	Passiva	Aktiva	Passiva		
Im Voraus gezahlte Versicherungsprämie						
Von einem Kunden erhaltene Anzahlungen						
Bei einer Bank in Tokio in Yen aufgenommener Kredit						
Disagio bei einer Anleiheemission						
Rückstellung für eine Großreparatur						
Agio bei einer Aktienemission						
Kreditlinie						
An ein Tochterunternehmen gewährtes Darlehen						

Aufgabe 3

Ein Unternehmen erwirbt zum 05.04.00 eine Maschine mit Anschaffungskosten von 600.000 €. Die Maschine ist am 19.04.00 betriebsbereit. Die Nutzungsdauer der Maschine wird auf 6 Jahre geschätzt. Das Unternehmen schreibt alle Anlagen linear ab.

1. Erstellen Sie bitte den Abschreibungsplan der Maschine.
2. Wie ändert sich der Abschreibungsplan für die Maschine, wenn der beizulegende Wert der Maschine am 31.12.02 260.000 € beträgt und davon ausgegangen wird, dass die Wertminderung von Dauer ist? Begründen Sie bitte kurz Ihre Antwort.
3. Wie ändert sich der Abschreibungsplan für die Maschine, wenn der beizulegende Wert der Maschine am 31.12.04 150.000 € beträgt? Begründen Sie bitte kurz Ihre Antwort

Aufgabe 4

Ein Unternehmen schließt am 15.11.00 einen Vertrag über die Lieferung einer Maschine für insgesamt 198.000 € (einschl. Anlieferung) am 31.3.01 ab. Die Produktion der Maschine ist für Februar und März des Jahres 01 geplant. Das Unternehmen hat den Auftrag folgendermaßen kalkuliert:

Materialeinzelkosten:	30.000 €
Materialgemeinkosten:	3.000 €
Fertigungseinzelkosten:	50.000 €
Fertigungsgemeinkosten:	74.000 €
Anteilige Verwaltungskosten:	7.000 €
Transportkosten:	1.000 €
Gewinnaufschlag (20 %):	33.000 €
	198.000 €

Am Ende des Geschäftsjahres 00 ist absehbar, dass die Fertigungsgemeinkosten um 50 % höher als geplant anfallen werden.

1. Welche Auswirkungen hat das abgeschlossene Geschäft im handelsrechtlichen Jahresabschluss des Unternehmens zum 31.12.00?
   a) Muss oder kann eine Rückstellung gebildet werden oder besteht ein Rückstellungsverbot? Begründen Sie Ihre Antwort!
   b) Sofern ein Rückstellungsgebot oder –wahlrecht besteht: mit welchem Betrag ist die Rückstellung zu bewerten?
2. Welche Auswirkungen auf den handelsrechtlichen Jahresabschluss hätte das abgeschlossene Geschäft, wenn mit der Produktion der Maschine bereits in 00 begonnen worden wäre und bis zum Bilanzstichtag bereits Herstellungskosten in Höhe von 50.000 € angefallen wären? Geben Sie bitte die erforderlichen Buchungssätze an.

Aufgabe 5

Die XYZ AG weist in ihrem Jahresabschluss zum 31.12.00 ein vorläufiges Ergebnis vor Steuern vom Einkommen und vom Ertrag von 500.000 € aus. Die Geschäftsvorfälle 1 – 3 sind noch nicht berücksichtigt. Ermitteln Sie den handelsrechtlichen und den steuerrechtlichen Jahresüberschuss, indem Sie die Erträge bzw. die Aufwendungen, die aus den folgenden Geschäftsvorfällen 1 – 3 resultieren, einbeziehen. Gehen Sie für die Berechnung der Steuern vom Einkommen und vom Ertrag von einem durchschnittlichen Ertragsteuersatz von 30 % aus. Latente Steuern sind zu beachten. Üben Sie sämtliche Wahlrechte in der Handelsbilanz so aus, dass ein möglichst geringer Jahresüberschuss ausgewiesen wird!

- Zu Beginn des Geschäftsjahres 00 hat die XYZ AG eine Anleihe über 1.000.000 € mit folgenden Ausstattungsmerkmalen emittiert: Zinssatz 5 %, Ausgabekurs 98 %, Rückzahlung nach 8 Jahren zu 100 %, Zinszahlung jährlich nachträglich zum 2.1.

- Die XYZ AG hat am 5.9.00 eine Maschine mit Anschaffungskosten in Höhe von 500.000 € (netto) erworben. Die Nutzungsdauer wird auf 8 Jahre geschätzt. Bei Anwendung der geometrisch-degressiven Abschreibung legt die XYZ AG immer einen Abschreibungssatz von 30 % zugrunde.

- Die XYZ AG hat am 1.12.00 mit einem Lieferanten für den 10.1.01 die Lieferung von 5 t eines Rohstoffs für 1.000 €/t vereinbart. Am 31.12.00 beträgt der Marktpreis für diesen Rohstoff 950 €/t.

Aufgabe 6

Eine Aktiengesellschaft weist zum 31.12.00 in der Bilanz folgende Eigenkapitalpositionen aus:

I. Gezeichnetes Kapital	100.000.000 €
II. Kapitalrücklage	50.000.000 €
III. Gewinnrücklagen	
1. Rücklage für Anteile an einem herrschenden oder mehrheitlich beteiligten Unternehmen	70.000 €
2. Andere Gewinnrücklagen	700.000.000 €
IV. Verlustvortrag	- 40.000 €

Stellen Sie die Eigenkapitalpositionen der Bilanz zum 31.12.01 unter Berücksichtigung folgender Angaben auf:

1. Durchführung einer Kapitalerhöhung aus Gesellschaftsmitteln (aus den anderen Gewinnrücklagen) in 01 im Verhältnis 5:1, das heißt, ein Aktionär erhält für 5 alte Aktien eine neue Aktie zusätzlich.
2. Im Laufe des Jahres 01 werden weitere Aktien des Mutterunternehmens der Aktiengesellschaft für 30.000 € erworben. Der Wert dieser Aktien beträgt am 31.12.01 25.000 €. Der Wert der Aktien, die Ende 00 im Bestand waren, ist auf 55.000 € gesunken.
3. Die GuV 01 weist einen Jahresüberschuss von 220.000 € aus. 200.000 € sollen ausgeschüttet werden.

3 Die Gewinn- und Verlustrechnung

Frage: Welche Informationen sind in einer Gewinn- und Verlustrechnung enthalten?

In einer Gewinn- und Verlustrechnung (GuV) wird durch die Gegenüberstellung der Erträge und der Aufwendungen die Entstehung bzw. die Struktur des Ergebnisses (Gewinn oder Verlust) des Unternehmens der vergangenen Periode dargestellt. Die aufgeführten Erträge und Aufwendungen beziehen sich auf eine bestimmte Periode (i. d. R. das Geschäftsjahr), nicht auf einen Zeitpunkt. Bei den in der GuV gezeigten Größen handelt es sich somit um **Stromgrößen** (s. zur Begriffsabgrenzung das Beispiel zu Beginn von Abschnitt 2).

Die GoB besitzen auch für die GuV und die darin ausgewiesenen Größen Gültigkeit (s. zu den GoB Abschnitt 1.4.2). Dies führt zum Beispiel dazu, dass aufgrund des **Periodisierungsprinzips** Erträge und Aufwendungen von den Ein- und Auszahlungen abweichen können. Erträge und Aufwendungen müssen aufgrund der gleichen Bewertungsmethoden ermittelt werden wie im vorangegangenen Geschäftsjahr (**materielle Stetigkeit**) und dürfen grundsätzlich nicht miteinander verrechnet werden (**Saldierungsverbot**).

Die Höhe der Erträge und der Aufwendungen ergibt sich aus den Ansatz- und Bewertungsvorschriften für die Bilanz. Im Folgenden wird behandelt, in welchen Positionen einer GuV die Aufwendungen und Erträge ausgewiesen werden müssen.

3.1 Gliederung der Gewinn- und Verlustrechnung

Frage: Wie ist eine Gewinn- und Verlustrechnung aufgebaut?

Eine GuV kann grundsätzlich in Konto- oder in Staffelform erstellt werden:

- Bei Anwendung der **Kontoform** werden alle Aufwendungen auf der Sollseite und alle Erträge auf der Habenseite zusammengefasst. Der Saldo wird als Gewinn auf der Sollseite, wenn die Aufwendungen geringer als die Erträge sind, oder als Verlust auf der Habenseite, wenn die Aufwendungen die Erträge übersteigen, ausgewiesen. Der **Vorteil** dieser Form ist, dass die **Summe der Aufwendungen und der Erträge umgehend zu ermitteln** ist und die **Struktur** der Aufwendungen auf der einen und der Erträge auf der anderen Seite **schnell ersichtlich** wird.
- Wird die **Staffelform** angewandt, werden die Erträge und die Aufwendungen untereinander geschrieben. Dabei können sich Ertrags- und Aufwandspositionen abwechseln. Der **Vorteil** liegt darin, dass Erträge und Aufwendungen **sinnvoll** (z. B. für den Betriebsbereich und den Finanzbereich) **gruppiert** und **Zwischenergebnisse** ermittelt werden können.

Für Kapitalgesellschaften, besondere Personenhandelsgesellschaften und Genossenschaften ist gem. § 275 HGB **die Staffelform vorgeschrieben**. Außerdem enthält § 275 HGB zwei Gliederungsschemata, zwischen denen Kapitalgesellschaften, besondere Personenhandelsgesellschaften und Genossenschaften wählen können: die Gliederung nach dem **Gesamtkostenverfahren** und die Gliederung nach dem **Umsatzkostenverfahren**. Beide Verfahren gliedern die Ermittlung des Ergebnisses vor Steuern in einen betrieblichen Bereich, einen Finanzbereich und einen außerordentlichen Bereich. Danach werden der Steueraufwand und das Ergebnis nach Steuern (Jahresüberschuss oder Jahresfehlbetrag) ausgewiesen. Formell ist bei beiden Verfahren lediglich die Ermittlung des Betriebsergebnisses unterschiedlich (s. Abschnitt 3.2.1 und 3.2.2). Kleinstkapitalgesellschaften gem. § 267a HGB können ein in § 275 Abs. 5 HGB dargestelltes verkürztes Gliederungsschema nach dem Gesamtkostenverfahren anwenden.

Die allgemeinen Grundsätze für die Gliederung gem. § 265 HGB beziehen sich auch auf die GuV (zur Gliederung der Bilanz s. Abschnitt 2.3.). Es gilt der **Grundsatz der Stetigkeit**: die Form der Darstellung und insbesondere die Gliederung dürfen nur ausnahmsweise geändert werden. Abweichungen müssen im Anhang dargestellt und begründet werden (§ 265 Abs. 1 HGB). Zu jedem Posten sind die **Vorjahreszahlen** anzugeben. Sind Werte einer Position für das Berichtsjahr und für das Vorjahr nicht vergleichbar, weil z. B. ein Teilbetrieb geschlossen wurde, oder wurden Vorjahresbeträge angepasst, muss dies angegeben und im Anhang erläutert werden (§ 265 Abs. 2 HGB). Ist das Unternehmen in verschiedenen Geschäftszweigen tätig, für die grundsätzlich unterschiedliche GuV-Schemata vorgeschrieben sind (z. B. ein Automobilunternehmen, das auch Kredite und andere Bankprodukte anbietet), ist eine der Gliederungen anzuwenden und um Positionen der anderen Gliederungen zu ergänzen (§ 265 Abs. 4 HGB).

Das Gliederungsschema kann **weiter untergliedert** und **neue Positionen**, deren Inhalt durch die in § 275 HGB vorgeschriebenen Posten nicht gedeckt ist, können **aufgenommen** werden (§ 265 Abs. 5 HGB). Einige Erweiterungen hat der Gesetzgeber bereits vorgeschrieben: So verlangt z. B. § 277 Abs. 3 Satz 1 HGB den gesonderten Ausweis von außerplanmäßigen Abschreibungen auf das Anlagevermögen gem. § 253 Abs. 3 Satz 3 und 4 HGB. In der Regel besteht bei solchen Bestimmungen die Alternative der Angabe im Anhang.

Die Reihenfolge und auch die Bezeichnung der Gliederungspositionen müssen geändert werden, wenn der Grund in einer Besonderheit des Unternehmens liegt und dies die Klarheit und Übersichtlichkeit der GuV erhöht (§ 265 Abs. 6 HGB). Ferner können Positionen zusammengefasst werden, wenn entweder der Betrag der einzelnen Position unwesentlich ist oder wenn die Klarheit der Darstellung verbessert wird. Im letzteren Fall muss jedoch die Aufgliederung im Anhang durchgeführt werden (§ 265 Abs. 7 HGB). Positionen, die im Geschäftsjahr und im Vorjahr keinen Betrag enthalten, müssen nicht aufgeführt werden (§ 265 Abs. 8 HGB).

3.2 Ermittlung des Betriebsergebnisses

Frage: Was ist das Betriebsergebnis und welche Bedeutung hat es für die Einschätzung der Ertragslage eines Unternehmens?

Das betriebliche Ergebnis setzt sich aus den Erträgen und Aufwendungen zusammen, die durch die Verfolgung des Betriebszweckes des Unternehmens entstehen. Für die Beurteilung der Ertragslage eines Unternehmens ist es somit von zentraler Bedeutung.
Ein negatives Betriebsergebnis weist auf Probleme im eigentlichen Geschäft des Unternehmens hin. Eine rückgängige Entwicklung über mehrere Geschäftsjahre lässt ebenfalls vermuten, dass das Unternehmen Schwierigkeiten bei der Produktion und / oder beim Absatz seiner Güter und / oder Dienstleistungen hat.

3.2.1 Ermittlung des Betriebsergebnisses nach dem Gesamtkostenverfahren

Frage: Wie wird das betriebliche Ergebnis grundsätzlich bei Anwendung des Gesamtkostenverfahrens ermittelt?

Bei Anwendung des Gesamtkostenverfahrens werden **sämtliche betrieblichen Aufwendungen**, die im betrachteten Geschäftsjahr **für die Produktion von Gütern und Dienstleistungen** angefallen sind, dargestellt und **nach Aufwandsarten** (Materialaufwand, Personalaufwand, Abschreibungen) **gegliedert** (primäre Aufwandsgliederung). Werden mehr Güter und Dienstleistungen veräußert als produziert wurden, werden zusätzlich die Aufwendungen für den Lagerabgang erfasst. Werden hingegen weniger Güter und Dienstleistungen veräußert als produziert wurden, werden zusätzlich zu den Erträgen aus der Veräußerung die Erträge aus dem Lageraufbau bzw. aus dem Zugang selbst erstellter Produkte, die das Unternehmen selbst nutzt, berücksichtigt.

Beispiel:

Die X AG produziert in den Geschäftsjahren 00 und 01 jeweils 100.000 Stück ihres Produktes ABC. Dafür fallen in jedem Geschäftsjahr 1,2 Mio. € betriebliche Aufwendungen an. Im Geschäftsjahr 00 werden jedoch nur 80.000 Stück von ABC verkauft, im Geschäftsjahr 01 120.000 Stück. Die X AG bewertet ihre Erzeugnisse in der Handelsbilanz lediglich mit den Pflichtbestandteilen der Herstellungskosten (s. Abschnitt 2.2.2) von 9 € / Stück. 1 Stück ABC wird für 15 € verkauft.
Das betriebliche Ergebnis des Geschäftsjahres 00 berechnet sich wie folgt:

Umsatzerlöse	1.200.000 €	(80.000 St. * 15 € / St.)
Erhöhung des Bestands an fertigen Erzeugnissen	+ 180.000 €	(20.000 St. * 9 € / St.)
Betriebliche Aufwendungen	- 1.200.000 €	
Betriebliches Ergebnis	180.000 €	

Für das Geschäftsjahr 01 errechnet sich folgendes betriebliches Ergebnis:

Umsatzerlöse	1.800.000 €	(120.000 St. * 15 € / St.)
Verminderung des Bestands an fertigen Erzeugnissen	- 180.000 €	(20.000 St. * 9 € / St.)
Betriebliche Aufwendungen	- 1.200.000 €	
Betriebliches Ergebnis	420.000 €	

An diesem Beispiel lässt sich nochmals die Beeinflussung des Periodenergebnisses durch die Wahl der Zusammensetzung der Herstellungskosten aufzeigen. Würde die X AG ihre nicht verkauften Erzeugnisse nicht mit Teil-, sondern mit Vollkosten von z. B. 11 € bewerten, ergäbe sich für das Geschäftsjahr 00 ein betriebliches Ergebnis von 220.000 € (1.200.000 € + 220.000 € - 1.200.000 €), für das Geschäftsjahr 01 eines von 380.000 € (1.800.000 € - 220.000 € - 1.200.000 €). Das Gesamtergebnis beider Geschäftsjahre zusammen beträgt unabhängig von der Bewertung der Vorräte 600.000 €, jedoch werden durch die Bewertung mit Vollkosten Erträge früher realisiert. Die einzelnen Periodenergebnisse schwanken bei der Bewertung mit Teilkosten stärker als bei der Bewertung mit Vollkosten.

Frage: Aus welchen Positionen setzt sich das im betrieblichen Bereich erwirtschaftete Ergebnis bei Anwendung des Gesamtkostenverfahrens gem. § 275 Abs. 2 HGB zusammen?

Die Gliederung einer GuV nach dem Gesamtkostenverfahren ist in § 275 Abs. 2 HGB festgelegt. Die ersten acht Positionen stellen Erträge und Aufwendungen dar, die (größtenteils) im betrieblichen Bereich eines Unternehmens entstehen:

1. Umsatzerlöse
2. Erhöhung oder Verminderung des Bestands an fertigen und unfertigen Erzeugnissen
3. andere aktivierte Eigenleistungen
4. sonstige betriebliche Erträge
5. Materialaufwand
   a) Aufwendungen für Roh-, Hilfs- und Betriebsstoffe und für bezogene Waren
   b) Aufwendungen für bezogene Leistungen
6. Personalaufwand
   a) Löhne und Gehälter
   b) Soziale Abgaben und Aufwendungen für Altersversorgung und für Unterstützung, davon für Altersversorgung
7. Abschreibungen
   a) auf immaterielle Vermögensgegenstände des Anlagevermögens und Sachanlagen
   b) auf Vermögensgegenstände des Umlaufvermögens, soweit diese die in der Kapitalgesellschaft üblichen Abschreibungen überschreiten
8. sonstige betriebliche Aufwendungen

Kleine und mittelgroße Kapitalgesellschaften können gem. § 276 Satz 1 HGB die ersten 5 Positionen zusammenfassen und als „Rohergebnis" ausweisen. Kleinstkapitalgesellschaften können dieses Wahlrecht nur in Anspruch nehmen, falls sie ihre GuV nicht nach dem verkürzten Gliederungsschema gem. § 275 Abs. 5 HGB aufstellen.

Umsatzerlöse sind **Erträge** aus dem Verkauf und der Vermietung oder Verpachtung von Erzeugnissen, Waren und Dienstleistungen, **die für die Geschäftstätigkeit** der bilanzierenden Kapitalgesellschaft **typisch sind** (vgl. § 277 Abs. 1 HGB). Entscheidend für den Ausweis von Erträgen als Umsatzerlöse ist somit der Zusammenhang mit dem Betriebszweck.
Erträge aus nicht betriebstypischen Nebentätigkeiten werden unter den sonstigen betrieblichen Erträgen erfasst. Verkauft somit ein Autohaus einen Gebrauchtwagen, ist der Ertrag unter den Umsatzerlösen auszuweisen. Veräußert hingegen ein Verlag den Dienstwagen des Vorstandsvorsitzenden, so ist der Ertrag aus dem Verkauf in der Regel als sonstiger betrieblicher Ertrag zu klassifizieren.
Der Referentenentwurf für das BilRUG sieht die Streichung des Begriffs "für die gewöhnliche Geschäftstätigkeit der Kapitalgesellschaft typischen" vor. Dies könnte insbesondere zu einem anderen Ausweis des Ertrags aus "untypischen" Dienstleistungen führen.

Umsatzerlöse sind gem. § 277 Abs. 1 HGB **ohne Umsatzsteuer** und nach **Abzug von Erlösschmälerungen** (z. B. Skonti, Boni) auszuweisen. Aufgrund des **Realisationsprinzips** (§ 252 Abs. 1 Nr. 4 HGB) werden sie erst erfasst, wenn sie realisiert sind. Umsätze gelten dann als realisiert, wenn die Lieferung oder Leistung erbracht worden, die Gefahr auf den Käufer übergegangen und der Anspruch auf Gegenleistung entstanden ist (vgl. ADS 1995, § 252 Tz. 82).

Periodenfremde Umsatzerlöse und Erlösschmälerungen müssen gem. § 277 Abs. 4 Satz 3 HGB im Anhang erläutert werden, wenn die Beträge für die Beurteilung der Ertragslage des Unternehmens von Bedeutung sind.
Große Kapitalgesellschaften müssen darüber hinaus gem. § 285 Nr. 4 HGB ihre Umsatzerlöse im Anhang nach **Tätigkeitsbereichen** und nach **Regionen** aufgliedern, sofern sich die Tätigkeitsbereiche bzw. die regionalen Märkte erheblich unterscheiden. Die Henkel KGaA z. B. gliedert ihre Umsatzerlöse im Anhang des Geschäftsberichtes 2013 wie folgt auf (s. Geschäftsbericht 2013 der Henkel KGaA, S. 37; Angaben in Mio. €):

Gliederung nach **Produktgruppen bzw. Aktivitäten**

	2012	2013	Veränderung %
Laundry & Home Care	904	920	1,7
Beauty Care	691	718	3,9
Adhesive Technologies	1.314	1.309	- 0,4
Corporate	501	522	4,2
	3.410	3.469	1,7

Gliederung nach **Regionen**

	2012	2013	Veränderung %
Deutschland	2.021	2.034	0,6
Übriges Europa, einschl. Türkei, Russland	1.142	1.165	1,9
Nordamerika	43	44	2,7
Lateinamerika	30	35	18,0
Afrika	35	33	-5,5
Asien, Australien, Neuseeland	139	158	13,5
	3.410	3.469	1,7

Diese Angaben helfen dem Bilanzleser, die Quellen und die Struktur und damit die Beständigkeit der Umsatzerlöse einzuschätzen. Im Falle der Tätigkeitsgebiete wird z. B. ersichtlich, ob es sich um konjunkturabhängige Produkte handelt, deren Absatz in künftigen Geschäftsjahren unsicher ist, im Falle der Regionen sieht der Jahresabschlussleser z. B., ob es sich um Regionen handelt, die politisch unsicher sind, so dass dort der Absatz in künftigen Geschäftsjahren unsicher ist.

In der Position **Erhöhung oder Verminderung des Bestands an fertigen und unfertigen Erzeugnissen** werden **sowohl mengenmäßige** (Lagerzu- und Lagerabgänge) **als auch wertmäßige** (z. B. Wertverringerungen aufgrund eines Rückgangs des Absatzpreises) **Änderungen** des Bestands an Erzeugnissen erfasst. Lediglich Wertverringerungen, die das übliche Maß übersteigen, sind unter den Abschreibungen (Position 7b des Gliederungsschemas) auszuweisen.

Die Aktivierung von Erzeugnissen oder Leistungen, die das Unternehmen hergestellt hat und in künftigen Perioden selbst nutzen will (z. B. selbst hergestellte Maschinen, selbst durchgeführte Erweiterungen eines Vermögensgegenstandes), wird in der Position **andere aktivierte Eigenleistungen** erfolgsmäßig nachvollzogen. Durch die Ertragsbuchung werden die Herstellungsaufwendungen, die für die Erstellung des Gutes oder der Leistung angefallen sind, neutralisiert. Der Aufwand wird in den Perioden erfolgswirksam, in denen die aktivierten Vermögensgegenstände genutzt und abgeschrieben werden oder abgehen.

Den **sonstigen betrieblichen Erträgen** werden alle betrieblichen Erträge zugeordnet, die nicht einer anderen Ertragsposition entsprechen. Hierzu zählen z. B. Umsatzerlöse aus nicht betriebstypischen Geschäften, Erträge aus dem Abgang von Anlagevermögen, Erträge aus der Auflösung von Rückstellungen und Erträge aus Zuschreibungen. Erträge aus der Währungsumrechnung sind gem. § 277 Abs. 5 Satz 2 HGB in dieser Position gesondert auszuweisen.
Die Hochtief AG z. B. macht zu der Position sonstige betriebliche Erträge in ihrem Jahresabschluss für das Geschäftsjahr 2013 folgende Angaben (s. Jahresabschluss der HOCHTIEF Aktiengesellschaft 31.12.2013, S. 27): „Diese Position enthält hauptsächlich Erträge aus Konzernumlagen, der Auflösung von Rückstellungen, der Veräußerung von Wertpapieren des Umlaufvermögens und dem Abgang von Gegenständen des Sachanlagevermögens. Die Erträge aus der Auflösung von Rückstellungen in Höhe von 23.196 Tsd. Euro (Vorjahr 16.705 Tsd. Euro) stellen periodenfremde Erträge dar. Des Weiteren werden in den sonstigen betrieblichen Erträgen 4.135 Tsd. Euro (Vorjahr 2.258 Tsd. Euro) Währungskursgewinne ausgewiesen."

Der **Materialaufwand** wird in Aufwand für den Verbrauch materieller Produktionsfaktoren und Aufwand für bezogene Leistungen unterteilt. Zu den **Aufwendungen für Roh-, Hilfs- und Betriebsstoffe** zählt sämtlicher Verbrauch von diesen Stoffen. In dieser Position werden auch der Abgang von Handelswaren, Inventurdifferenzen, Zugänge von zu Festwerten bewertetem Umlaufvermögen und Abschreibungen auf Roh-, Hilfs- und Betriebsstoffe, die im üblichen Rahmen liegen, erfasst. Abschreibungen, die das übliche Maß übersteigen, werden unter den Abschreibungen (Position 7b) ausgewiesen. Es besteht auch die Möglichkeit, den Stoffverbrauch des Verwaltungs- und des Vertriebsbereichs den sonstigen betrieblichen Aufwendungen zuzuordnen (vgl. hierzu Coenenberg / Haller / Schultze 2014, S. 535 f. m. w. N.). Als **Aufwendungen für bezogene Leistungen** werden Aufwendungen für erhaltene fertigungsbezogene Leistungen Dritter, z. B. Reparaturen, die durch Dritte durchgeführt wurden, Lizenzaufwand für die Fertigung und auch der Aufwand für Leiharbeitnehmer, erfasst.

Beim **Personalaufwand** werden Aufwendungen für die direkte Vergütung der Arbeitsleistungen und Aufwendungen für soziale Leistungen getrennt ausgewiesen.
Die Position **Löhne und Gehälter** umfasst sämtliche Arbeitsentgelte an das Personal, also neben den Bruttolöhnen und -gehältern auch Tantiemen, Nebenbezüge (z. B. Vergütungen für Verbesserungsvorschläge) und Zuführungen zu Rückstellungen für im Geschäftsjahr nicht genommenen Urlaub und für Jubiläumszuwendungen. Abfindungen sollten in dieser Position nur erfasst werden, sofern es sich um eine Entlohnung geleisteter Arbeit handelt. Stellt die Abfindung eine Entschädigung für den Verlust des Arbeitsplatzes dar, handelt es sich um einen sonstigen betrieblichen Aufwand, bei ungewöhnlicher Höhe (z. B. Sozialplanaufwendungen im Rahmen der Schließung eines ganzen Betriebes) um außerordentliche Aufwendungen (vgl. Winnefeld 2006, Kapitel G, Rz. 212).

Soziale Abgaben umfassen den Arbeitgeberanteil zur Sozialversicherung (Renten-, Kranken-, Pflege- und Arbeitslosenversicherung) sowie Beiträge z. B. zur Berufsgenossenschaft. **Aufwendungen für Altersversorgung** müssen gesondert ausgewiesen werden. Hierzu zählen die Zuführung zu Pensionsrückstellungen, Pensionsleistungen, für die keine Rückstellung gebildet wurde, Beiträge zu selbständigen Versorgungseinrichtungen, wie z. B. Pensionskassen und Beiträge zum Pensionssicherungsverein. Vorruhestandsleistungen werden hingegen den sonstigen betrieblichen Aufwendungen zugerechnet (vgl. Winnefeld 2006, Kapitel G, Rz. 218). **Aufwendungen für Unterstützung** stellen Leistungen an Betriebsangehörige und deren Hinterbliebene dar, für die keine Gegenleistung erbracht wird, z. B. Zahlungen bei Heirat, Geburt und in Notfällen.

Abschreibungen auf das betriebliche Anlagevermögen und Abschreibungen auf das Umlaufvermögen werden in getrennten Positionen dargestellt.
Die Position **Abschreibungen auf immaterielle Vermögensgegenstände des Anlagevermögens und Sachanlagen** enthält grundsätzlich sämtliche planmäßigen und außerplanmäßigen Abschreibungen auf die aufgeführten Vermögenspositionen. Abschreibungen auf einen niedrigeren beizulegenden Wert am Bilanzstichtag müssen gem. § 277 Abs. 3 Satz 1 HGB gesondert ausgewiesen oder im Anhang angegeben werden.
Abschreibungen auf Vermögensgegenstände des Umlaufvermögens werden nur unter den Abschreibungen ausgewiesen**, soweit diese die in der Kapitalgesellschaft üblichen Abschreibungen überschreiten**. Übliche Wertminderungen werden in der betreffenden Aufwandsposition (Verminderung des Bestands an fertigen und unfertigen Erzeugnissen, Aufwendungen für Roh-, Hilfs- und Betriebsstoffe und – bei Wertminderungen von Forderungen und sonstigen Vermögensgegenständen – sonstige betriebliche Aufwendungen) erfasst.
Die Abgrenzung zwischen üblichen und unüblichen Abschreibungen ist in der Praxis zum Teil schwierig. Als unüblich können z. B. Abschreibungen angesehen werden, die die durchschnittliche Höhe entsprechender Abschreibungen der Vorjahre wesentlich überschreiten oder die auf einer ungewöhnlichen Ursache (z. B. Vernichtung von Vorräten aufgrund eines Lagerbrandes) beruhen. Abschreibungen auf Wertpapiere des Umlaufvermögens, die das übliche Maß übersteigen, können grundsätzlich dieser Position oder der Position „Abschreibungen auf Finanzanlagen und auf Wertpapiere des Umlaufvermögens“ im Finanzergebnis zugeordnet werden. Hier wird der Auffassung gefolgt, dass sämtliche Abschreibungen auf Wertpapiere des Umlaufvermögens immer im Finanzergebnis (Position 12) auszuweisen sind (vgl. Winnefeld 2006, Kapitel G, Rz. 318). Die folgende Abbildung zeigt den Ausweis von Abschreibungen auf das Umlaufvermögen im Überblick:

Vermögensgegenstand	Übliche Abschreibungen	Unübliche Abschreibungen
Roh-, Hilfs- und Betriebsstoffe, bezogene Waren	5a	7b
Fertige und unfertige Erzeugnisse, unfertige Leistungen	2	7b
Forderungen und sonstige Vermögensgegenstände	8	7b
Wertpapiere des Umlaufvermögens	12	12 (7b)

Abb. 3.1: Erfassung von Abschreibungen auf Umlaufvermögen in einer GuV nach dem Gesamtkostenverfahren (in Anlehnung an Schildbach / Stobbe / Brösel, 2013, S. 430)

In den **sonstigen betrieblichen Aufwendungen** werden alle Aufwendungen zusammengefasst, die nicht einer anderen Aufwandsposition des Gliederungsschemas zugeordnet werden können, z. B. Wertminderungen von Forderungen und sonstigen Vermögensgegenständen sowie liquiden Mitteln im üblichen Rahmen und Verluste aus dem Abgang von Vermögensgegenständen. In Abhängigkeit von der Abgrenzung der Position Materialaufwand wird hier auch z. B. der Verbrauch von Büromaterial in der Verwaltung und im Vertrieb, Werbeaufwand und Versandaufwand erfasst. Aufwendungen aus der Währungsumrechnung sind gem. § 277 Abs. 5 Satz 2 HGB in dieser Position gesondert auszuweisen.
Die HOCHTIEF AG z. B. erläutert die Position in ihrem Jahresabschluss für das Geschäftsjahr 2013 wie folgt (s. Jahresabschluss der HOCHTIEF Aktiengesellschaft 31.12.2013, S. 28): „Die sonstigen betrieblichen Aufwendungen betreffen überwiegend Mieten und Pachten, Be-

ratungskosten, Zuführungen zu Rückstellungen für Projektrisiken, Verluste aus dem Abgang von Finanzanlagen, Aufsichtsratsvergütungen, Gerichts-, Anwalts- und Notarkosten, Abfindungen, Kosten des Post- und Zahlungsverkehrs, Reise- und Werbungskosten, Jahresabschlusskosten, Verluste aus Wertberichtigungen und Abgängen von Vermögensgegenständen des Umlaufvermögens sowie weitere, nicht an anderer Stelle auszuweisende Sozialleistungen. Des Weiteren enthält diese Position mit 8.026 Tsd. Euro (Vorjahr 8.438 Tsd. Euro) Währungsverluste. Die in den sonstigen betrieblichen Aufwendungen ausgewiesenen sonstigen Steuern belaufen sich auf 279 Tsd. Euro (Vorjahr 1.196 Tsd. Euro). [...]."

3.2.2 Ermittlung des Betriebsergebnisses nach dem Umsatzkostenverfahren

Frage: Wie wird das betriebliche Ergebnis grundsätzlich bei Anwendung des Umsatzkostenverfahrens ermittelt?

Bei Anwendung des Umsatzkostenverfahrens werden **sämtliche betrieblichen Aufwendungen**, die im betrachteten Geschäftsjahr **für die veräußerten Güter und Dienstleistungen** angefallen sind, dargestellt und **nach Funktionsbereichen** (Herstellung, Verwaltung, Vertrieb) **gegliedert** (sekundäre Aufwandsgliederung).
Werden mehr Güter und Dienstleistungen veräußert als produziert wurden, werden die Aufwendungen für den Lagerabgang zusätzlich zu den Herstellungsaufwendungen für die abgesetzten produzierten Güter in den Herstellungskosten erfasst. Werden hingegen weniger Güter und Dienstleistungen veräußert als produziert wurden, werden die ausgewiesenen Herstellungskosten um die Aufwendungen für die nicht veräußerten Güter und Dienstleistungen gekürzt.

Beispiel:

Die X AG produziert in den Geschäftsjahren 00 und 01 jeweils 100.000 Stück ihres Produktes ABC. Dafür fallen in jedem Geschäftsjahr 1,2 Mio. € betriebliche Aufwendungen an: 900.000 € im Herstellungsbereich, 200.000 € in der Verwaltung, 100.000 € im Vertrieb. Im Geschäftsjahr 00 werden jedoch nur 80.000 Stück von ABC verkauft, im Geschäftsjahr 01 120.000 Stück. Die X AG bewertet ihre Erzeugnisse in der Handelsbilanz lediglich mit den Pflichtbestandteilen der Herstellungskosten (s. Abschnitt 2.2.2) von 9 € / Stück. 1 Stück ABC wird für 15 € verkauft.
Das **betriebliche Ergebnis des Geschäftsjahres 00** berechnet sich wie folgt:

Umsatzerlöse	1.200.000 €	(80.000 St. * 15 € / St.)
Herstellungskosten	-720.000 €	(900.000 € - 20.000 St. * 9 € / St.)
Verwaltungskosten	- 200.000 €	
Vertriebskosten	- 100.000 €	
Betriebliches Ergebnis	180.000 €	

Für das **Geschäftsjahr 01** errechnet sich folgendes **betriebliches Ergebnis**:

Umsatzerlöse	1.800.000 €	(120.000 St. * 15 € / St.)
Herstellungskosten	- 1.080.000 €	(900.000 € + 20.000 St. * 9 € / St.)
Verwaltungskosten	- 200.000 €	
Vertriebskosten	- 100.000 €	
Betriebliches Ergebnis	420.000 €	

Bei gleicher Bewertung der Bestände an fertigen und unfertigen Erzeugnissen und aktivierten Eigenleistungen führt die Anwendung des Umsatzkostenverfahrens zum gleichen Periodenergebnis wie das Gesamtkostenverfahren. Das betriebliche Ergebnis kann jedoch aufgrund der nicht eindeutigen Definition der Herstellungskosten (s. folgende Ausführungen) je nach angewandtem Gliederungsverfahren unterschiedlich sein.

Frage: Aus welchen Positionen setzt sich das im betrieblichen Bereich erwirtschaftete Ergebnis bei Anwendung des Umsatzkostenverfahrens gem. § 275 Abs. 3 HGB zusammen?

§ 275 Abs. 3 HGB stellt das Gliederungsschema einer GuV nach dem Umsatzkostenverfahren dar. Die ersten sieben Positionen enthalten Erträge und Aufwendungen, die (größtenteils) im betrieblichen Bereich eines Unternehmens entstehen:

1. Umsatzerlöse
2. Herstellungskosten der zur Erzielung der Umsatzerlöse erbrachten Leistungen
3. Bruttoergebnis vom Umsatz
4. Vertriebskosten
5. allgemeine Verwaltungskosten
6. sonstige betriebliche Erträge
7. sonstige betriebliche Aufwendungen

Kleine und mittelgroße Kapitalgesellschaften können gem. § 276 Satz 1 HGB die Positionen 1, 2, 3 und 6 zusammenfassen und als „Rohergebnis" ausweisen. Dieses Rohergebnis entspricht nicht der entsprechenden Position, die bei Anwendung des Gesamtkostenverfahrens angegeben werden kann.

Die Position **Umsatzerlöse** unterscheidet sich nicht von der entsprechenden Position des Gesamtkostenverfahrens (s. Abschnitt 3.2.1).

Die Zusammensetzung der **Herstellungskosten der zur Erzielung der Umsatzerlöse erbrachten Leistungen** (Herstellungskosten des Umsatzes, Umsatzkosten) ist im Gesetz nicht definiert. Nach herrschender Meinung (vgl. Winnefeld 2006, Kapitel G, Rz. 473 m. w. N.) gilt hier nicht die Definition der Herstellungskosten gem. § 255 Abs. 2 und 3 HGB, die der Bewertung selbst erstellter, aktivierter Güter und Dienstleistungen zugrunde zu legen ist (s. hierzu Abschnitt 2.2.2). Vielmehr sind in dieser Position sämtliche Aufwendungen des Herstellungsbereichs zu erfassen, die im Zusammenhang mit der Herstellung der im Geschäftsjahr veräußerten Güter und Dienstleistungen angefallen sind, also sämtliche Material- und Fertigungseinzelkosten und –gemeinkosten, einschließlich aller planmäßigen und außerplanmäßigen Abschreibungen, sofern sie dem Herstellungsbereich zuzuordnen sind, auch Kosten der Unterbeschäftigung, periodenfremde Aufwendungen und Verwaltungskosten, die dem Herstellungsbereich zugeordnet werden können. Zu erwägen ist auch – zumindest bei langfristiger Fertigung, z. B. im Schiffbau – eine Einbeziehung des Zinsaufwands, der dem Herstellungsbereich zuzuordnen ist und der auf den Zeitraum der Herstellung entfällt (vgl. ADS 1995, § 275 Tz. 231). Die Zurechnung von Kostensteuern (z. B. Kfz-Steuer, Versicherungssteuer) zu den Funktionsbereichen wird ebenfalls für zulässig erachtet (vgl. ADS 1995, § 275 Tz. 232).

Werden in einem Geschäftsjahr mehr Güter und Dienstleistungen produziert als abgesetzt (Lagerzugang), verringern sich die Herstellungskosten des Umsatzes um den Wert der nicht veräußerten Güter und Dienstleistungen. Ist der Absatz jedoch größer als die Produktion, erhöhen sich die Herstellungskosten des Umsatzes um den Wert des Lagerabgangs. Die Höhe

der Umsatzkosten hängt damit auch von der Bewertung der aktivierten fertigen und unfertigen Erzeugnisse und aktivierten Eigenleistungen ab. Es ist möglich, starke Schwankungen der Umsatzkosten bei Bestandsbewertung mit Teilkosten zu verringern, indem Lagerzugänge in den Herstellungskosten immer mit Vollkosten berücksichtigt werden und die Differenz zwischen Voll- und Teilkosten in den sonstigen betrieblichen Aufwendungen erfasst wird (vgl. ADS 1995, § 275 Tz. 223).
Das folgende Schema stellt eine (!) Möglichkeit dar, die Herstellungskosten des Umsatzes zu ermitteln:

	Sämtliche dem Herstellungsbereich zuzuordnenden Aufwendungen der Periode
+	Wert der Lagerabgänge fertiger und unfertiger Erzeugnisse der Periode, bewertet mit Herstellungskosten gem. § 255 Abs. 2 und 3 HGB
-	Wert der aktivierten Eigenleistungen der Periode, bewertet mit Herstellungskosten gem. § 255 Abs. 2 und 3 HGB
-	Wert der Lagerzugänge fertiger und unfertiger Erzeugnisse der Periode, bewertet mit Herstellungskosten gem. § 255 Abs. 2 und 3 HGB

Das **Bruttoergebnis vom Umsatz** stellt die Differenz zwischen den Umsatzerlösen und den Herstellungskosten des Umsatzes dar.

Als **Vertriebskosten** werden sämtliche Aufwendungen, die dem Vertriebsbereich zugeordnet werden können, ausgewiesen, also neben dem Material-, Personal- und Abschreibungsaufwand auch sonstige Aufwendungen wie z. B. Werbungsaufwand und Einzelwertberichtigungen auf Forderungen. Auch Verwaltungsaufwand, der für den Vertriebsbereich anfällt, z. B. anteiliger Aufwand der Personalabteilung, kann in dieser Position erfasst werden.

Unter den **allgemeinen Verwaltungskosten** werden sämtliche Material-, Personal-, Abschreibungs- und sonstigen Aufwendungen ausgewiesen, die im Verwaltungsbereich entstehen und die nicht in die Herstellungskosten des Umsatzes oder in die Vertriebskosten einbezogen werden.

Die **sonstigen betrieblichen Erträge** entsprechen der gleichen Position des Gesamtkostenverfahrens. Die Position **sonstige betriebliche Aufwendungen** wird hingegen bei Anwendung des Umsatzkostenverfahrens niedriger ausfallen, da hier nur die Aufwendungen zusammengefasst werden, die nicht einem der drei Funktionsbereiche zugeordnet werden können. Hierzu zählen z. B. Aufwendungen im Zusammenhang mit Nebengeschäften und Verluste aus dem Abgang von Vermögensgegenständen des Anlagevermögens.
Die Volkswagen AG z. B. erläutert die gesamte Position in ihrem Jahresabschluss für das Geschäftsjahr 2013 wie folgt (s. Jahresabschluss der Volkswagen Aktiengesellschaft zum 31.12.2013, S. 24): „Die Sonstigen betrieblichen Aufwendungen setzen sich vor allem aus Aufwendungen für Währungsumechnung […] und Aufwendungen für die Beratung von Tochterunternehmen und an die Volkswagen AG weiterberechnete Leistungen […] zusammen, die wiederum an Tochterunternehmen weiterbelastet wurden. Bei den Aufwendungen aus Währungsumrechnung handelte es sich vorwiegend um unsaldierte realisierte Kursverluste und Kursverluste aus der Umrechnung operativer Forderungen und Verbindlichkeiten. Sonstige betriebliche Aufwendungen in Höhe von 1.025 Mio. € (Vorjahr: 667 Mio. €) sind früheren Geschäftsjahren zuzuordnen. Sie betreffen hauptsächlich Aufwendungen für Gewährleistungen."

Bei Anwendung des Umsatzkostenverfahrens muss eine Kapitalgesellschaft gem. § 285 Nr. 8 HGB die Aufwandsarten Materialaufwand und Personalaufwand im Anhang entsprechend der Aufgliederung nach dem Gesamtkostenverfahren angeben.

3.3 Ermittlung des Finanzergebnisses

Frage: Was ist das Finanzergebnis und welche Bedeutung hat es zur Beurteilung der Ertragslage eines Unternehmens?

Die Positionen 9-13 des Gesamtkostenverfahrens bzw. die Positionen 8-12 des Umsatzkostenverfahrens betreffen Erträge und Aufwendungen aus Finanzvermögen bzw. Finanzschulden. Das Ergebnis hieraus hat für die Beurteilung der Ertragslage eines Unternehmens – sofern es sich nicht um ein Finanzdienstleistungsunternehmen handelt – eine geringere Bedeutung als das betriebliche Ergebnis. Ein negatives Finanzergebnis kann ausschließlich dadurch entstehen, dass sich ein Unternehmen zum Teil mit Fremdkapital finanziert. Dies allein ist kein Grund für eine schlechte Einschätzung der Ertragslage. Dennoch sollte auch das Finanzergebnis beobachtet werden, da es Hinweise darauf gibt, welche Bedeutung das Finanzergebnis für die gesamte Ertragslage eines Unternehmens hat und ob z. B. Potenzial besteht, Finanzierungskosten zu verringern.

Holdinggesellschaften weisen in der Regel kein Betriebsergebnis, sondern in erster Linie ein Finanzergebnis aus. Erträge aus Beteiligungen und aus verbundenen Unternehmen ersetzen hier die Umsatzerlöse, da die Aufgabe einer Holding lediglich in der Steuerung ihrer Beteiligungs- und verbundenen Unternehmen besteht. Zur Beurteilung der Ertragslage einer Holding und vor allem zur Einschätzung der künftigen Entwicklung muss die Ertragslage der Beteiligungen und der verbundenen Unternehmen analysiert werden, da die Ertragslage der Holding insbesondere davon abhängt.

Frage: Aus welchen Positionen setzt sich das Finanzergebnis gem. § 275 Abs. 2 und 3 HGB zusammen?

Formal unterscheiden sich die Positionen zur Ermittlung des Finanzergebnisses im Gesamtkosten- und im Umsatzkostenverfahren nicht (s. § 275 Abs. 2 und 3 HGB; die erste Zahl entspricht der Positionsnummer beim Gesamtkostenverfahren, die zweite der Positionsnummer beim Umsatzkostenverfahren):

- 9./8. Erträge aus Beteiligungen, davon aus verbundenen Unternehmen
- 10./9. Erträge aus anderen Wertpapieren und Ausleihungen des Finanzanlagevermögens, davon aus verbundenen Unternehmen
- 11./10. sonstige Zinsen und ähnliche Erträge, davon aus verbundenen Unternehmen
- 12./11. Abschreibungen auf Finanzanlagen und auf Wertpapiere des Umlaufvermögens
- 13./12. Zinsen und ähnliche Aufwendungen, davon an verbundene Unternehmen

Als **Erträge aus Beteiligungen** werden alle laufenden Erträge aus Beteiligungen, z. B. Dividenden aus Beteiligungen an Kapitalgesellschaften und Gewinnanteile bei Beteiligungen an Personenhandelsgesellschaften, ausgewiesen. Erträge aus verbundenen Unternehmen sind mit einem Davon-Vermerk gesondert anzugeben. Nicht-laufende Erträge, wie z. B. ein Gewinn bei Abgang einer Beteiligung, werden in den sonstigen betrieblichen Erträgen erfasst. Damit wird inhaltlich von der formalen Unterteilung des Ergebnisses der gewöhnlichen Geschäftstätigkeit in Betriebs- und Finanzergebnis in den Gliederungsschemata gem. § 275 Abs. 2 und 3 HGB abgewichen: Erträge aus Finanzvermögen werden in diesem Fall dem betrieblichen Bereich zugerechnet. Zur Lösung dieses Problems kann die Gliederung unter Anwendung von

§ 265 Abs. 5 Satz 2 HGB um eine Position „Gewinne aus dem Abgang von Beteiligungen“ erweitert werden.

Für die Erfassung ist der Realisationszeitpunkt wichtig. Man unterscheidet **zeitgleiche** und **zeitversetzte Gewinnvereinnahmung**. Gewinnansprüche aus Beteiligungen an Personenhandelsgesellschaften gelten mit Ablauf des Geschäftsjahres der Personenhandelsgesellschaft als realisiert (zeitgleiche Vereinnahmung). Ausschüttungen von Kapitalgesellschaften können in der Regel erst vereinnahmt werden, wenn ein Ausschüttungsbeschluss vorliegt (zeitversetzte Vereinnahmung). Eine Ausnahme besteht für die Handelsbilanz, wenn die beteiligte Gesellschaft die Ausschüttung praktisch dadurch bestimmen kann, dass
- eine Mehrheitsbeteiligung besteht,
- das Mutterunternehmen aufgrund der Mehrheit eine Gewinnausschüttung durchsetzen kann,
- das Geschäftsjahr der Tochtergesellschaft vor oder mit dem Bilanzstichtag der Muttergesellschaft endet,
- der Jahresabschluss der Tochtergesellschaft festgestellt ist und
- ein Gewinnverwendungsvorschlag vorliegt (vgl. Winnefeld 2006, Kapitel G, Rz. 283 m.w.N.).

Steuerrechtlich gilt diese Ausnahme hingegen nicht (vgl. Falterbaum / Bolk / Reiß / Kirchner 2010, S. 328).
Die Beträge werden brutto erfasst. Einbehaltene Kapitalertragsteuer wird in den Steuern vom Einkommen und vom Ertrag (Position 18./17.) ausgewiesen.

Erträge aus einer Verlustübernahme durch ein anderes Unternehmen, z. B. einer Muttergesellschaft, **und aufgrund einer Gewinngemeinschaft oder aufgrund eines (Teil-) Gewinnabführungsvertrages** mit einem anderen Unternehmen, z. B. einer Tochtergesellschaft, müssen gem. § 277 Abs. 3 Satz 2 HGB jeweils in einer eigenen Position mit entsprechender Bezeichnung ausgewiesen werden.

Bei den **Erträgen aus anderen Wertpapieren und Ausleihungen des Finanzanlagevermögens** handelt es sich um alle laufenden Erträge aus Finanzanlagen, die nicht Erträge aus Beteiligungen darstellen, z. B. Zinsen aus langfristigen Ausleihungen und Dividenden aus Aktien, die lediglich eine langfristige Finanzinvestition darstellen. Auch in diesem Fall sind Erträge aus verbundenen Unternehmen mit einem Davon-Vermerk gesondert anzugeben. Die Erträge aus diesem Finanzanlagevermögen werden ebenfalls brutto erfasst. Erträge aus dem Verkauf z. B. von Wertpapieren oder auch von Bezugsrechten werden unter den sonstigen betrieblichen Erträgen oder – entsprechend der oben beschriebenen Lösung für Gewinne aus dem Abgang von Beteiligungen – als gesonderte Position ausgewiesen.

Alle laufenden Finanzerträge, die nicht einer der vorherigen Positionen zugeordnet werden können, werden als **sonstige Zinsen und ähnliche Erträge** zusammengefasst. Hierzu zählen z. B. Zinsen aus Guthaben bei Kreditinstituten, laufende Erträge aus Wertpapieren des Umlaufvermögens und Erträge aus der Aufzinsung niedrig oder unverzinslicher Forderungen des Umlaufvermögens. Die Beträge werden brutto, also z. B. einschließlich eventuell direkt abgezogener Quellensteuer, erfasst. Erträge aus verbundenen Unternehmen sind wiederum mit einem Davon-Vermerk gesondert anzugeben. Auch Erträge aus der Abzinsung (z. B. von Rückstellungen) sind gem. § 277 Abs. 5 Satz 1 HGB in dieser Position gesondert auszuweisen.

In der Position **Abschreibungen auf Finanzanlagen und auf Wertpapiere des Umlaufvermögens** werden grundsätzlich sämtliche Abschreibungen auf Finanzanlagen und auf

Wertpapiere des Umlaufvermögens ausgewiesen. Ein Unterschied der Position bei Anwendung entweder des Gesamtkosten- oder des Umsatzkostenverfahrens besteht lediglich dann, wenn Abschreibungen auf Wertpapiere des Umlaufvermögens, die das übliche Maß übersteigen, bei Anwendung des Gesamtkostenverfahrens den Abschreibungen auf Vermögensgegenstände des Umlaufvermögens, soweit diese die in der Kapitalgesellschaft üblichen Abschreibungen überschreiten (Position 7b des Gliederungsschemas gem. § 275 Abs. 2 HGB), zugeordnet werden (s. hierzu Abschnitt 3.2.1). Gem. § 277 Abs. 3 Satz 1 HGB müssen Abschreibungen von Finanzanlagen auf den niedrigeren beizulegenden Wert am Bilanzstichtag gesondert ausgewiesen oder im Anhang angegeben werden.

Aufwendungen aus einer Verlustübernahme für ein anderes Unternehmen, z. B. eine Tochtergesellschaft, **und aufgrund einer Gewinngemeinschaft oder aufgrund eines (Teil-) Gewinnabführungsvertrages** zu Gunsten eines anderen Unternehmens, z. B. der Muttergesellschaft, müssen gem. § 277 Abs. 3 Satz 2 HGB jeweils in einer eigenen Position mit entsprechender Bezeichnung ausgewiesen werden.

Zinsen und ähnliche Aufwendungen sind Aufwendungen, die für die Inanspruchnahme von Fremdkapital entstehen. Hierzu zählen Zinsen für Kredite, Bereitstellungsprovisionen, Abschreibungen auf ein aktiviertes Disagio oder der Aufwand aus der sofortigen Verrechnung eines Disagios. Aufwendungen aus der Abzinsung sind gem. § 277 Abs. 5 Satz 1 HGB in dieser Position gesondert auszuweisen. Beträge, die an verbundene Unternehmen geleistet werden, sind mit einem Davon-Vermerk gesondert anzugeben.
Aufwendungen für besondere Leistungen im Zusammenhang mit der Kreditaufnahme, z. B. Vermittlungsprovisionen, aber auch Währungsverluste und Aufwendungen für den Zahlungsverkehr, werden als sonstige betriebliche Aufwendungen dem Betriebsergebnis zugeordnet. Ein Unterschied der Position in Abhängigkeit von der Anwendung entweder des Gesamtkosten- oder des Umsatzkostenverfahrens besteht dann, wenn Zinsaufwand bei Anwendung des Umsatzkostenverfahrens den drei Funktionsbereichen zugerechnet wird und dementsprechend in den Umsatz-, Vertriebs- oder allgemeinen Verwaltungskosten ausgewiesen wird (s. hierzu Abschnitt 3.2.2).

3.4 Weitere Positionen zur Ermittlung des Jahresüberschusses

Frage: Welche weiteren Bestandteile des Jahresüberschusses müssen gem. § 275 Abs. 2 und 3 HGB gesondert aufgeführt werden?

Die Summe aus den Positionen des betrieblichen Ergebnisses und des Finanzergebnisses ist gem. § 275 Abs. 2 und 3 HGB als **Ergebnis der gewöhnlichen Geschäftstätigkeit** gesondert auszuweisen (Position 14 bzw. 13). Damit wird in den Gliederungsschemata ein wichtiger Vorteil der Staffelform, nämlich der Ausweis eines Zwischenergebnisses genutzt. Es handelt sich um ein Ergebnis vor Steuern, das das Unternehmen ohne den Einfluss außerordentlicher Vorfälle erwirtschaftet hat. Da große und mittelgroße Kapitalgesellschaften gem. § 285 Nr. 6 HGB die Steuern, die auf das Ergebnis der gewöhnlichen Geschäftstätigkeit entfallen, im Anhang angeben müssen, kann auch ein unternehmensexterner Jahresabschlussleser ein Ergebnis der gewöhnlichen Geschäftstätigkeit nach Steuern dieser Unternehmen berechnen.

Folgende weitere Positionen zur Ermittlung des Periodenergebnisses einer Kapitalgesellschaft müssen gem. § 275 HGB gesondert ausgewiesen werden (die erste Zahl entspricht der Positionsnummer beim Gesamtkostenverfahren, die zweite der Positionsnummer beim Umsatzkostenverfahren):

15./14. außerordentliche Erträge
16./15. außerordentliche Aufwendungen
17./16. außerordentliches Ergebnis
18./17. Steuern vom Einkommen und vom Ertrag
19./18. sonstige Steuern
20./19. Jahresüberschuss/Jahresfehlbetrag

Als außerordentlich gelten Aufwendungen und Erträge, wenn sie sowohl außergewöhnlich als auch selten für das bilanzierende Unternehmen sind. Hierzu zählen z. B. Gewinne oder Verluste aus einem seltenen Abgang wesentlicher Teile des Anlagevermögens (z. B. bei Schließung eines Betriebes), Aufwendungen für Sanierungsmaßnahmen und Abfindungen im Zusammenhang mit einer umfangreichen Personalabbaumaßnahme. Gem. § 277 Abs. 4 Satz 2 HGB müssen **außerordentliche Erträge** und **außerordentliche Aufwendungen** im Anhang erläutert werden, wenn die Beträge für die Beurteilung der Ertragslage des Unternehmens von Bedeutung sind. Der Saldo, das **außerordentliche Ergebnis**, ist als Zwischenergebnis gesondert anzugeben. Für die Beurteilung der Ertragslage eines Unternehmens ist es nur von geringer Relevanz, da es nicht nachhaltig ist.
Gem. Referentenentwurf zum BilRUG wird der Ausweis außerordentlicher Aufwendungen und Erträge entfallen. Entsprechende Beträge müssen dann nur noch im Anhang angegeben werden.

Steuern vom Einkommen und vom Ertrag sind ertragsabhängige Steuern, wie z. B. die Körperschaftsteuer und die Gewerbeertragsteuer. Steuererträge, z. B. aus einem Verlustrücktrag, werden auch in dieser Position erfasst, was einen Verstoß gegen das Saldierungsverbot (s. Abschnitt 1.4.2) bedeutet. Erträge und Aufwendungen aus der Änderung latenter Steuerpositionen sind hier gem. § 274 Abs. 2 Satz 3 HGB gesondert auszuweisen. Steuerstrafen zählen zu den sonstigen betrieblichen Aufwendungen.

Gem. Referentenentwurf zum BilRUG wird künftig nach den Steuern vom Einkommen und vom Ertrag ein Zwischenergebnis „Ergebnis nach Steuern" ausgewiesen".

Die **sonstigen Steuern** umfassen alle nicht ertragsabhängigen Steuern, die aus Sicht des Unternehmens Aufwendungen sind, z. B. Grundsteuer, Ausfuhrzölle, Mineralölsteuer und Kfz-Steuer. Steuern, die als Anschaffungsnebenkosten zu aktivieren sind (s. Abschnitt 2.2.1), z. B. Grunderwerbsteuer und Eingangszölle, werden nicht in dieser Position ausgewiesen.

Der **Jahresüberschuss** ist das von dem Unternehmen im betreffenden Geschäftsjahr erwirtschaftete Ergebnis nach Steuern. Eine Ausnahme stellen die Unternehmen dar, die aufgrund eines Gewinnabführungsvertrages ihr Ergebnis direkt abführen bzw. deren Verlust ausgeglichen wird. Bei diesen Unternehmen findet sich das Jahresergebnis als Aufwand bzw. als Ertrag gem. § 277 Abs. 3 Satz 2 HGB in einer gesonderten Position in der Regel unter den Positionen des Finanzergebnisses (s. Abschnitt 3.3) wieder. Der ausgewiesene Jahresüberschuss beträgt 0. Bei KGaA werden die Erfolgsanteile der persönlich haftenden Gesellschafter unter den sonstigen betrieblichen Aufwendungen bzw. sonstigen betrieblichen Erträgen ausgewiesen.

3.5 Die Ergebnisverwendungsrechnung

Frage: Wie wird bei einer Kapitalgesellschaft die Verwendung des Jahresüberschusses dargestellt?

Der Jahresüberschuss kann entweder an die Eigentümer einer Gesellschaft ausgeschüttet werden oder die Mittel bleiben als Eigenkapital im Unternehmen (Thesaurierung). Bei Personenhandelsgesellschaften wird der Jahresüberschuss entsprechend der gesetzlichen Regelungen oder der satzungsmäßigen Vereinbarungen auf die Gesellschafter verteilt und den (variablen) Kapitalkonten gutgeschrieben. Die Gesellschafter können den Betrag abheben oder im Unternehmen belassen.
Bei Kapitalgesellschaften muss zunächst beschlossen werden, ob Rücklagen aufgelöst oder ob aus dem Jahresüberschuss Gewinnrücklagen gebildet werden (s. zu den Bestimmungen zur Bildung von Gewinnrücklagen Abschnitt 2.7.3). Der sich hieraus ergebende Betrag kann als Bilanzgewinn an die Anteilseigner ausgeschüttet werden. Die Anteilseigner können jedoch auch beschließen, dass weitere Beträge in die Gewinnrücklagen eingestellt werden. Darüber hinaus können Teile des Bilanzgewinns bzw. -verlustes nicht verwendet, sondern als Gewinn- oder Verlustvortrag in das neue Geschäftsjahr vorgetragen werden (vgl. § 29 GmbHG, § 58 AktG).
§ 158 AktG schreibt für Aktiengesellschaften folgendes Schema für eine Ergebnisverwendungsrechnung in der GuV nach dem Jahresüberschuss oder im Anhang vor:

1. Gewinnvortrag / Verlustvortrag aus dem Vorjahr
2. Entnahmen aus der Kapitalrücklage
3. Entnahmen aus Gewinnrücklagen
   a) aus der gesetzlichen Rücklage
   b) aus der Rücklage für Anteile an einem herrschenden oder mehrheitlich beteiligten Unternehmen
   c) aus satzungsmäßigen Rücklagen
   d) aus anderen Gewinnrücklagen
4. Einstellungen in Gewinnrücklagen
   a) in die gesetzliche Rücklage
   b) in die Rücklage für Anteile an einem herrschenden oder mehrheitlich beteiligten Unternehmen
   c) in satzungsmäßige Rücklagen
   d) in andere Gewinnrücklagen
5. Bilanzgewinn/Bilanzverlust

Beispiel:

Eine Aktiengesellschaft hat im Geschäftsjahr 00 einen Jahresüberschuss von 1 Mio. € erwirtschaftet. Es wurden Anteile am Mutterunternehmen der Aktiengesellschaft erworben, die in der Bilanz mit einem Wert von 50.000 € bilanziert werden. Der Vorstand stellt in Übereinstimmung mit § 58 Abs. 2 AktG 350.000 € in die anderen Gewinnrücklagen ein. Damit ergibt sich für das Geschäftsjahr 00 folgende Ergebnisverwendungsrechnung im Anschluss an den Jahresüberschuss:

Jahresüberschuss	1.000.000 €
- Einstellung in die Rücklage für Anteile an einem herrschenden oder mehrheitlich beteiligten Unternehmen	- 50.000 €
- Einstellung in andere Gewinnrücklagen	- 350.000 €
Bilanzgewinn	600.000 €

Die Hauptversammlung beschließt im Mai 01, dass aus dem Bilanzgewinn des Geschäftsjahres 00 500.000 € ausgeschüttet und 100.000 € vorgetragen werden sollen. Im Geschäftsjahr 01 erwirtschaftet die Aktiengesellschaft einen Jahresfehlbetrag von 200.000 €. Die in 00 erworbenen Anteile am Mutterunternehmen werden verkauft. Trotz des Fehlbetrages sollen 250.000 € an die Anteilseigner ausgeschüttet werden. Es bestehen in ausreichender Höhe andere Gewinnrücklagen zur Auflösung. Damit ergibt sich für das Geschäftsjahr 01 folgende Ergebnisverwendungsrechnung im Anschluss an den Jahresfehlbetrag:

Jahresfehlbetrag	- 200.000 €
+ Gewinnvortrag	100.000 €
+ Entnahme aus der Rücklage für Anteile an einem herrschenden oder mehrheitlich beteiligten Unternehmen	50.000 €
+ Entnahme aus anderen Gewinnrücklagen	300.000 €
Bilanzgewinn	250.000 €

3.6 Prüfungsaufgaben

Aufgabe 7

Die Bäckerglück GmbH, die ihre Backwaren ausschließlich an Großabnehmer vertreibt, weist für das Jahr 01 folgende Zahlungen aus (Angaben in T€):

Verkauf von Backwaren	330
Verkauf einer Teigknetmaschine	1
Rohstoffeinkauf (Mehl, Hefe usw.)	-75
Grundstückskauf	-6
Kauf eines Ofens	-10
Löhne und Gehälter	-95
Aufnahme eines Bankdarlehens	40
Zinszahlungen für das Bankdarlehen	-4
Überweisungen an die Sozialversicherungsbeiträge	-61
Abführung Lohn- und Einkommensteuer der Arbeitnehmer	-55
Körperschafts- und Gewerbeertragsteuerzahlung	-10
Zahlungssaldo	55

Erstellen Sie aus der Finanzrechnung unter Berücksichtigung folgender Angaben eine GuV für das Jahr 01 gem. § 275 Abs. 2 HGB unter Angabe der Nummer und der Bezeichnung der jeweiligen Positionen:

1. Die Einzahlungen aus dem Backwarenverkauf stammten in Höhe von 5 T€ aus Zielverkäufen des Jahres 00. Am Ende des Jahres 01 stehen noch Rechnungen für gelieferte Backwaren in Höhe von 10 T€ aus.
2. Die verkaufte Teigknetmaschine hatte einen Buchwert von 0 €.
3. Der Wert des Lagerbestands an haltbaren Backwaren am Ende von 01 lag um 100 € über dem des Jahres 00. Der Lagerbestand an Rohstoffen Ende 01 hat sich gegenüber dem Vorjahr um 200 € erhöht.
4. Der Ofen wurde zu Beginn des Jahres 01 gekauft. In 00 war bereits eine Anzahlung von 2 T€ geleistet worden. Der Ofen wird – ebenso wie das übrige Anlagevermögen, das einen

Anschaffungswert von insgesamt 108 T€ hat – gleichbleibend über zehn Jahre abgeschrieben.

5. Die Fremdkapitalzinsen werden immer am 01.07. für ein Jahr im Voraus gezahlt. Das Darlehen wurde zum 01.07.01 aufgenommen.
6. Die Überweisungen an die Sozialversicherungsträger betreffen in Höhe von 5 T€ das Geschäftsjahr 00. Am Ende des Geschäftsjahres 01 bestehen Verbindlichkeiten gegenüber den Sozialversicherungsträgern in Höhe von 4 T€. Die abzuführenden Beträge werden zu je 50 % von der Bäckerglück GmbH und den Arbeitnehmern getragen.
7. Die abgeführte Lohn- und Einkommensteuer betrifft ausschließlich das Geschäftsjahr 01.
8. Die Bäckerglück GmbH rechnet noch mit einer Gewerbeertragsteuernachzahlung von 1 T€.

Aufgabe 8

Folgende Tabelle stellt die Aufwendungen dar, die in einem Unternehmen im Geschäftsjahr 01 entstanden sind, und in welcher Höhe die Aufwendungen im Herstellungs-, Vertriebs- oder Verwaltungsbereich angefallen sind (in T€):

Aufwandsart		Herstellungsbereich	Vertrieb	Allgemeine Verwaltung	Nicht zuzuordnen
Materialaufwand	2.100	1.750	100	250	
Personalaufwand	3.000	2.300	200	500	
Abschreibungsaufwand	900	700		200	
Sonstiger betrieblicher Aufwand	800	160	80	60	500
Zinsaufwand	500				500
Steuern vom Einkommen und Ertrag	500				500

Das Unternehmen bezieht in die Herstellungskosten zur Bestandsbewertung sämtliche Material- und Fertigungskosten sowie anteilige Verwaltungskosten ein. Der Bestand an fertigen Erzeugnissen erhöhte sich in 01 um 600 T€. Davon betreffen 450 T€ den Herstellungs-, 150 T€ den Verwaltungsbereich. Umsatzerlöse wurden in 01 in Höhe von 8.500 T€, sonstige betriebliche Erträge in Höhe von 200 T€ erzielt. Erstellen Sie bitte eine GuV gem. § 275 Abs. 3 HGB.

4 Der Anhang

Frage: Was ist ein Anhang?

Gem. § 264 Abs. 1 Satz 1 HGB müssen Kapitalgesellschaften und Unternehmen, die die Vorschriften für Kapitalgesellschaften anwenden müssen (außer große Personenhandelsgesellschaften und große Einzelkaufleute gem. § 5 Abs. 2 PublG), ihren Jahresabschluss um einen Anhang erweitern. Kleinstkapitalgesellschaften brauchen keinen Anhang aufzustellen, wenn sie bestimmte, in § 264 Abs. 1 S. 5 HGB genannte Angaben unter der Bilanz aufführen. Der Anhang ist mit Bilanz und GuV ein **gleichwertiger Bestandteil des Jahresabschlusses**. Wichtige Informationen können bzw. müssen im Anhang dargelegt werden.

Frage: Welche Funktionen soll ein Anhang erfüllen?

Bei Kapitalgesellschaften und großen Unternehmen anderer Rechtsformen hat die Informationsfunktion des Jahresabschlusses eine größere Bedeutung als z. B. bei kleinen Personenhandelsgesellschaften. Der Anhang dient dazu, den Informationsgehalt eines Jahresabschlusses zu erhöhen. In diesem Zusammenhang soll der Anhang folgende Funktionen erfüllen (Vgl. Coenenberg / Haller / Schultze 2014, S. 847 ff. m.w.N.):

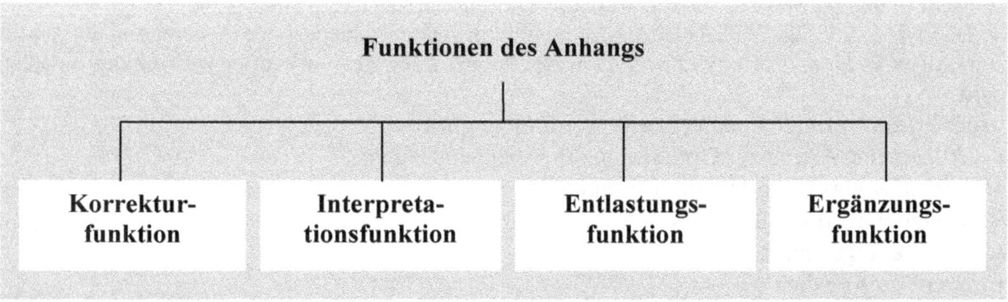

Abb. 4.1: Die Funktionen des Anhangs (in Anlehnung an Coenenberg / Haller / Schultze 2014, S. 805)

Die Bilanz und / oder die GuV können Informationen enthalten, die nicht ein tatsächliches Bild der wirtschaftlichen Lage des Unternehmens vermitteln. Dies hängt häufig mit der Einkommensbemessungsfunktion des Jahresabschlusses zusammen.
Wird z. B. eine Finanzanlage auf Basis des gemilderten Niederstwertprinzips (s. Abschnitt 2.2.4.2) nicht abgewertet, obwohl der Wert am Bilanzstichtag über dem beizulegenden Zeitwert liegt, ist ein Teil des Vermögens in der Bilanz zu hoch ausgewiesen. In solchen Fällen enthält der Anhang Informationen, die eine **Korrektur** der verfälschten Angaben zumindest zum Teil erlauben. So müssen in dem obigen Fall gem. § 285 Nr. 18 HGB der Buchwert und der beizulegende Zeitwert der einzelnen Vermögensgegenstände oder angemessener Gruppierungen sowie die Gründe für das Unterlassen der Abschreibung und die Anhaltspunkte darauf, dass die Wertminderung voraussichtlich nicht von Dauer ist, angegeben werden. Der Bilanzleser kann den Wert in der Bilanz auf Basis dieser Information korrigieren.

Die in der Bilanz und der GuV enthaltenen Angaben sind alleine nur begrenzt aussagekräftig. Zur Beurteilung des Wertes des abnutzbaren Anlagevermögens muss der Leser z. B. wissen, welche Abschreibungsverfahren das Unternehmen anwendet. Zur **Interpretation** des Inhaltes von Bilanz und GuV sind weitere Informationen nötig, die der Anhang zum Teil enthält. Hierzu zählen insbesondere die Angabe der angewandten Bilanzierungs- und Bewertungsmethoden und Abweichungen hiervon im Zeitablauf (§ 284 Abs. 2 HGB).

Eine Vielzahl von Informationen können wahlweise in Bilanz bzw. GuV oder im Anhang gegeben werden. Hierzu zählen z. B. die Darstellung der Entwicklung des Anlagevermögens (§ 268 Abs. 2 HGB) und der Ausweis eines Disagios (§ 268 Abs. 6 HGB). Werden solche Angaben im Anhang gemacht, bedeutet dies eine **Entlastung** der Bilanz bzw. der GuV, die deren Übersichtlichkeit erhöht. Der Jahresabschlussleser kann sich dann zunächst einen schnellen ersten Eindruck von der wirtschaftlichen Lage des Unternehmens mit Hilfe von Bilanz und GuV machen und mit Hilfe des Anhangs eine eingehendere Analyse durchführen.

Zahlreiche Informationen zur Beurteilung der wirtschaftlichen Lage eines Unternehmens können nicht in die Bilanz und die GuV aufgenommen werden. Dies betrifft z. B. die sonstigen finanziellen Verpflichtungen (§ 285 Nr. 3 und 3a HGB). Entsprechende Angaben können bzw. müssen in den Anhang aufgenommen werden, der dadurch die beiden anderen Bestandteile des Jahresabschlusses **ergänzt**.

Frage: Welche Informationen enthält ein Anhang?

Wesentliche Bestimmungen darüber, welche Informationen ein Anhang enthalten muss, finden sich in den §§ 284 ff. HGB. Darüber hinaus enthalten viele weitere Vorschriften des HGB (z. B. §§ 265, 268, 277 HGB) Bestimmungen zum Anhang, insbesondere wenn ein Wahlrecht zum Ausweis eines Postens entweder in der Bilanz bzw. der GuV oder im Anhang gewährt wird.
In der Praxis wird der Anhang häufig wie folgt gegliedert:

- Allgemeine Angaben / Grundlagen der Rechnungslegung
- Bilanzierungs- und Bewertungsgrundsätze
- Erläuterungen zur Bilanz
- Erläuterungen zur GuV
- Sonstige Angaben

Die **Allgemeinen Angaben** enthalten z. B. Informationen darüber, welche Rechtgrundlage dem Jahresabschluss zugrunde liegt (z. B. „Der Jahresabschluss der XYZ AG wurde nach den Vorschriften des Handelsgesetzbuches und den besonderen Rechnungslegungsvorschriften des Aktiengesetzes erstellt.“), ob Positionen von Bilanz und / oder GuV zusammengefasst wurden und im Anhang aufgegliedert sind (§ 265 Abs. 7 Nr. 2 HGB) und welches Gliederungsschema gem. § 275 HGB für die GuV gewählt worden ist.

Gem. § 284 Abs. 2 Nr. 1 HGB müssen im Anhang die auf die Posten der Bilanz und der Gewinn- und Verlustrechnung angewandten **Bilanzierungs- und Bewertungsgrundsätze** angegeben werden. Hierzu zählen z. B. Angaben

- zu den auf die verschiedenen Positionen des Anlagevermögens angewandten Abschreibungsverfahren,
- zur Zusammensetzung der Herstellungskosten,
- zu den für die Vorratsbewertung angewendeten Verfahren,
- zur Durchführung von Wertberichtigungen von Forderungen,
- zur Behandlung von Zuschüssen,

- zu dem der Bilanzierung der Pensionsrückstellungen zugrundeliegenden Verfahren und dem angewandten Zinssatz,
- zu den Grundlagen für die Umrechnung von Fremdwährungspositionen (z. B. ein in US$ aufgenommenes Darlehen) in Euro.

Es handelt sich hierbei hauptsächlich um verbale Angaben (Ausnahme: z. B. der zur Abzinsung der Pensionsrückstellungen angewandte Zinssatz). Sofern von den Bilanzierungs- und Bewertungsmethoden, insbesondere im Vergleich zum Vorjahr, abgewichen wird, muss dies gem. § 284 Abs. 2 Nr. 3 HGB angegeben und begründet werden sowie der Einfluss auf die Vermögens-, Finanz- und Ertragslage gesondert dargestellt werden. Es handelt sich hierbei um eine gravierende Durchbrechung des Stetigkeitsgebotes, deren Hintergrund und Auswirkungen auf die Jahresabschlusspositionen für die Beurteilung der wirtschaftlichen Lage des Unternehmens von großem Interesse sind.

Die **Erläuterungen zur Bilanz** enthalten spezielle Angaben zu den einzelnen Bilanzpositionen, z. B.

- den Anlagenspiegel gem. § 268 Abs. 2 HGB oder einen Hinweis darauf (z. B. „Die Entwicklung der einzelnen Posten des Anlagevermögens ist in dem Anlagenspiegel auf Seite 123 dargestellt.“),
- Angaben zum Inhalt der einzelnen Positionen,
- Erläuterungen zu wesentlichen Veränderungen der Positionen,
- die Aufgliederung der Positionen, wenn sie in Anwendung von § 265 Abs. 7 Nr. 2 HGB in der Bilanz zusammengefasst wurden,
- einen Verbindlichkeitenspiegel, in dem die Restlaufzeiten und die gegebenen Sicherheiten gem. §§ 268 Abs. 5, 285 Nr. 1 und 2 HGB dargestellt werden.

Dementsprechend finden sich in den **Erläuterungen zur GuV** spezielle Angaben zu den einzelnen Positionen der GuV, z. B.

- die Aufgliederung der Umsatzerlöse nach Regionen und nach Tätigkeitsbereichen gem. § 285 Nr. 4 HGB,
- Angaben zum Inhalt der einzelnen Positionen,
- Erläuterungen zu wesentlichen Veränderungen der Positionen gegenüber dem Vorjahresabschluss,
- die Angabe von Material- und Personalaufwand gem. § 285 Nr. 8 HGB bei Anwendung des Umsatzkostenverfahrens.

Unter den **sonstigen Angaben** werden u. a.

- die Haftungsverhältnisse gem. § 251 HGB und die sonstigen finanziellen Verpflichtungen gem. § 285 Nr. 3 und 3a HGB,
- aperiodische Erträge gem. § 277 Abs. 4 Satz 3 HGB,
- Bezüge des Aufsichtsrats und des Vorstands gem. § 285 Nr. 9 HGB
- Namen und ausgeübter Beruf der Mitglieder der Geschäftsführung und des Aufsichtsrats gem. § 285 Nr. 10 HGB,
- die Aufstellung des Anteilsbesitzes gem. § 285 Nr. 11 und 11a HGB

ausgewiesen.

Frage: Welche Ausnahmen von den Angabepflichten gibt es?

Gem. § 288 Abs. 1 HGB sind **kleine Kapitalgesellschaften** von einer Reihe von Angaben, z. B. zu den sonstigen finanziellen Verhältnissen, zu der Aufgliederung der Umsatzerlöse

nach Regionen und nach Tätigkeitsgebieten und zu der durchschnittlichen Zahl der Arbeitnehmer, befreit.
Mittelgroße Kapitalgesellschaften müssen gem. § 288 Abs. 2 HGB ihre Umsatzerlöse nicht aufgliedern. Darüber hinaus brauchen sie

- die finanziellen Auswirkungen der sonstigen finanziellen Verpflichtungen gem. § 285 Nr. 3 HGB nicht darzustellen,
- Angaben zum Honorar des Abschlussprüfers gem. § 285 Nr. 17 HGB nur auf schriftliche Anfrage gegenüber der Wirtschaftsprüferkammer zu machen und
- Angaben zu Geschäften mit nahe stehenden Unternehmen und Personen gem. § 285 Nr. 21 HGB nur zu machen, wenn sie eine Aktiengesellschaft sind. In dem Fall genügen Angaben zu Geschäften mit dem Hauptgesellschafter oder Mitgliedern des Geschäftsführungs-, Aufsichts- oder Verwaltungsorgans.
- die Grundlagen der latenten Steuern gem. § 285 Nr. 29 HGB nicht anzugeben.

Alle betroffenen Unternehmen müssen bzw. können gem. § 286 HGB in folgenden Fällen Angaben unterlassen:

- Es besteht ein Berichtsverbot, wenn dies für das Wohl der Bundesrepublik Deutschland oder eines Bundeslandes erforderlich ist.
- Auf die Aufgliederung der Umsatzerlöse kann verzichtet werden, wenn dies für das Unternehmen oder für ein Unternehmen, an dem eine mindestens 20%tige Beteiligung besteht, nachteilig wäre.
- Sofern es für die Darstellung der Vermögens-, Finanz- und Ertragslage des Unternehmens von untergeordneter Bedeutung ist oder die Angaben für das berichtende Unternehmen oder das Unternehmen, über das berichtet wird, von Nachteil wäre, können Pflichtangaben gem. § 285 Nr. 11 und 11a HGB zu Namen, Sitz, Beteiligungsanteil, Eigenkapital und Jahresergebnis von Unternehmen, an denen das Unternehmen einen Anteil von mindestens 20 % hält, bzw. zu Namen, Sitz und Rechtsform eines Unternehmens, dessen unbeschränkt haftender Gesellschafter das berichtende Unternehmen ist, unterbleiben. Die Erleichterung aufgrund eines befürchteten Nachteils gilt nicht für kapitalmarktorientierte Unternehmen.
- Die Bezüge der aktuellen und früheren Mitglieder der Geschäftsführung, des Aufsichtsrats, eines Beirates oder einer ähnlichen Gruppe und deren Hinterbliebenen müssen nicht angegeben werden, wenn sich aufgrund dieser Angaben die Bezüge eines Mitglieds dieser Organe feststellen ließe.
- Bestimmte Bezüge der einzelnen Vorstandsmitglieder müssen nicht angegeben werden, wenn die Hauptversammlung dies mit mindestens drei Viertel des bei der Beschlussfassung vertretenen Grundkapitals beschließt.

Durch das BilRUG werden sich voraussichtlich sowohl eine Reihe von Angabepflichten im Anhang als auch größenabhängige Erleichterungen ändern.

5 Der Lagebericht

Frage: Was ist ein Lagebericht?

Große und mittelgroße Kapitalgesellschaften und Unternehmen, die die Vorschriften für Kapitalgesellschaften anwenden müssen (außer große Personenhandelsgesellschaften und große Einzelkaufleute gem. § 5 Abs. 2 PublG), haben gem. § 264 Abs. 1 Satz 1 HGB zusätzlich zum Jahresabschluss einen Lagebericht aufzustellen. Es handelt sich hierbei um einen Bericht, der die wirtschaftliche Gesamtsituation des Unternehmens beschreiben und auch Informationen enthalten soll, die explizit die künftige Entwicklung des Unternehmens betreffen. Insofern geht der Lagebericht über die vergangenheitsorientierte Berichterstattung des Jahresabschlusses hinaus.

Frage: Welche Vorschriften sind bei der Erstellung des Lageberichts zu beachten?

Für die Erstellung eines Lageberichts eines Einzelunternehmens sind §§ 289 und 289a HGB zu beachten. Konzerne müssen ihren Lagebericht auf Basis von § 315 HGB aufstellen. § 289 und § 315 HGB entsprechen einander in weiten Teilen. DRS 20 konkretisiert die Vorschriften des § 315 HGB. Grundsätzlich gelten die DRS nur für Konzernabschlüsse. Das DRSC empfiehlt die Anwendung von DRS 20 jedoch ausdrücklich auch auf den Lagebericht von Einzelunternehmen.

Frage: Welche Funktionen soll ein Lagebericht erfüllen?

Der Lagebericht besitzt **eine Rechenschafts- und eine Informationsfunktion** (vgl. Grottel in Beck'scher Bilanzkommentar 2014, § 289 Anm. 4). Die Unternehmensleitung legt durch die Darstellung des Verlaufs des vergangenen Geschäftsjahres Rechenschaft ab. Außerdem enthält der Lagebericht gegenüber dem Jahresabschluss zusätzliche Informationen, die zum Teil zukunftsorientiert sind.

Frage: Nach welchen Grundsätzen muss ein Lagebericht aufgestellt werden?

Die Grundsätze ordnungsmäßiger Buchführung gelten gem. §§ 238 Abs. 1 Satz 1, 243 Abs. 1, 264 Abs. 2 Satz 1 HGB für die Buchhaltung und den Jahresabschluss. Der Gesetzgeber verweist für den Lagebericht nicht darauf. Hierdurch ist ein Unternehmen bei der Berichterstattung freier. Dennoch sind eine Reihe von Grundsätzen bei der Erstellung des Lageberichtes zu beachten (vgl. Grottel in Beck'scher Bilanzkommentar 2014, § 289 Anm. 8 ff.):

- Nach dem Grundsatz der **Vollständigkeit** hat der Lagebericht sämtliche Informationen zu enthalten, die für die Darstellung der wirtschaftlichen Gesamtsituation des Unternehmens und zur Einschätzung der Risiken, mit denen es konfrontiert wird, notwendig sind. Dabei wird die Pflicht zur Berichterstattung durch den Grundsatz der **Wesentlichkeit** eingeschränkt. Es müssen nicht alle Details lückenlos aufgeführt werden, sondern es sind die Informationen auszuwählen, die für die Einschätzung der Gesamtlage des Unternehmens erforderlich sind. In wirtschaftlich schwieriger Lage wird eine ausführlichere Berichterstattung notwendig sein als in Zeiten, in denen die Geschäfte problemlos laufen.

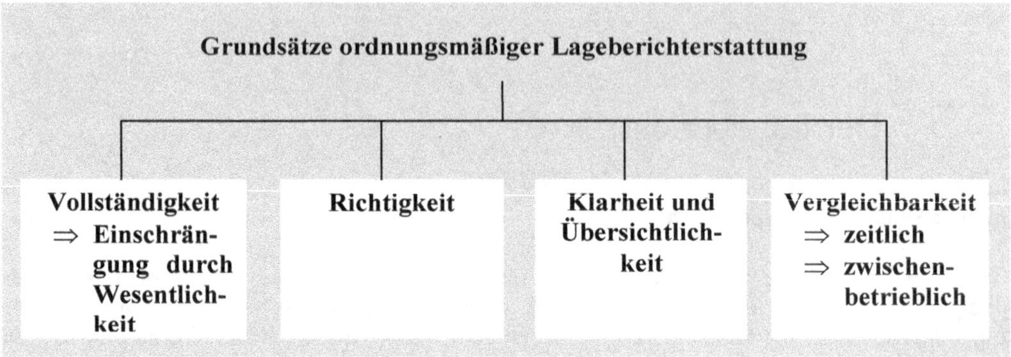

Abb. 5.1: Grundsätze ordnungsmäßiger Lageberichterstattung

- Der Inhalt des Lageberichts muss **richtig** sein, d. h. die Angaben müssen intersubjektiv nachprüfbar, Annahmen müssen plausibel und Schlussfolgerungen müssen schlüssig sein. Wertungen dürfen nicht willkürlich getroffen werden, sondern müssen auf Schlussfolgerungen oder Erfahrungen beruhen und der Überzeugung des Berichtenden entsprechen.
- Die Ausführungen im Lagebericht müssen **klar** formuliert sein. Wichtige Informationen dürfen nicht durch Überflüssiges verdeckt werden. Der Lagebericht ist **übersichtlich** zu gestalten, damit die Adressaten die wesentlichen Informationen schnell erfassen können.
- Der Lagebericht sollte zeitlich und zwischenbetrieblich **vergleichbar** sein. Der zeitlichen Vergleichbarkeit dient die Befolgung des Stetigkeitsprinzips sowohl im Hinblick auf die formelle Darstellung als auch hinsichtlich der Informationsauswahl. Die zwischenbetriebliche Vergleichbarkeit wird gefördert, wenn dargestellte Unternehmenskennzahlen nach allgemein zugänglichen Empfehlungen (z. B. des Arbeitskreises „Externe Unternehmensrechnung" der Schmalenbach Gesellschaft, vgl. Arbeitskreis „Externe Unternehmensrechnung" 1996, S. 1989 ff.) ermittelt werden.

Frage: Welche Informationen enthält ein Lagebericht?

Gem. § 289 Abs. 1 Satz 1-3 HGB müssen im Lagebericht **der Geschäftsverlauf und die Lage des Unternehmens** dargestellt sowie ausgewogen und umfassend, dem Umfang und der Komplexität der Geschäftstätigkeit entsprechend analysiert werden. Die für die Geschäftstätigkeit des Unternehmens bedeutsamsten finanziellen Leistungsindikatoren (z. B. Eigenkapitalrentabilität, Cash-flow, Eigenkapitalquote) sind in die Analyse einzubeziehen und mit Bezug auf die im Jahresabschluss ausgewiesenen Beträge und Angaben zu erläutern.
Große Kapitalgesellschaften haben gem. § 289 Abs. 3 HGB auch über nichtfinanzielle Leistungsindikatoren, wie z. B. Informationen über Umweltschutzaktivitäten und Maßnahmen zugunsten der Mitarbeiter, zu berichten. (Zur Berichterstattung über finanzielle und nichtfinanzielle Leistungsindikatoren vgl. ausführlich DRS 20.101-113.)

Wesentliche Bereiche des Unternehmens, deren Entwicklung für den Adressaten des Lageberichts von Interesse sein könnte, sind z. B. (vgl. IDW 1998, Anhang A.):

- gesamtwirtschaftliche und branchenspezifische Situation
- Umsatz- und Auftragsentwicklung, ggf. nach Tätigkeitsbereichen oder Regionen aufgegliedert
- Produktion, z. B. Produktionsvolumen im Berichtsjahr, Produktpolitik

- Beschaffung, z. B. Maßnahmen zur Sicherung der Beschaffung, Situation auf den Beschaffungsmärkten
- Investitionen und Finanzierungsmaßnahmen
- Personal- und Sozialbereich, z. B. Struktur der Arbeitnehmer, Fluktuation, Weiterbildung
- Umweltschutz, z. B. Aufwendungen für Umweltschutzmaßnahmen
- Wichtige Vorgänge des Geschäftsjahres, z. B. Eröffnung oder Schließung eines Teilbetriebes, Änderung der Anteilseignerstruktur.

Zur Verdeutlichung der Vermögens-, Finanz- und Ertragslage werden wesentliche Unternehmenskennzahlen häufig in Mehrjahresübersichten zusammengefasst. Wichtige Zahlen des Berichtsjahres und ihre Veränderung gegenüber dem Vorjahr werden kommentiert.

Darüber hinaus ist gem. § 289 Abs. 1 Satz 4 HGB die **voraussichtliche Entwicklung mit ihren wesentlichen Chancen und Risiken** zu beurteilen und zu erläutern. Als Prognosezeitraum gelten zwei Jahre als sinnvoll. Über Chancen und Risiken soll gleichgewichtig berichtet werden. Aus der Beurteilung muss die Bedeutung der Chancen bzw. Risiken für die künftige Entwicklung des Unternehmens deutlich werden. Die zugrundeliegenden Annahmen sind anzugeben. (Vgl. zum Prognose-, Chancen- und Risikobericht ausführlich DRS 20.116-167.)

Auf folgende Punkte soll der Lagebericht gem. § 289 Abs. 2 HGB ebenfalls eingehen:

1. Vorgänge von besonderer Bedeutung, die nach dem Schluss des Geschäftsjahres aufgetreten sind,
2. a) die Risikomanagementziele und -methoden der Gesellschaft einschl. ihrer Methoden zur Absicherung aller wichtigen Arten von Transaktionen, die im Rahmen der Bilanzierung von Sicherungsgeschäften erfasst werden, sowie
   b) die Preisänderungs-, Ausfall- und Liquiditätsrisiken sowie die Risiken aus Zahlungsstromschwankungen, denen die Gesellschaft ausgesetzt ist, jeweils in Bezug auf die Verwendung von Finanzinstrumenten durch die Gesellschaft und sofern dies für die Beurteilung der Lage oder der voraussichtlichen Entwicklung von Belang ist,
3. den Bereich Forschung und Entwicklung und
4. bestehende Zweigniederlassungen der Gesellschaft.

Zu den **Vorgängen von besonderer Bedeutung, die nach dem Schluss des Geschäftsjahres aufgetreten sind**, zählen sowohl Entwicklungen im neuen Geschäftsjahr (z. B. ein wesentlicher Preisanstieg eines Rohstoffes) als auch einzelne Vorfälle (z. B. der Konkurs eines großen Kunden).

Die Berichterstattung zur **Risikomanagementzielen und -methoden** betrifft das Risikomanagement mit Hilfe von Finanzinstrumenten. Ziele des Risikomanagements können z. B. die vollständige oder die nur teilweise Absicherung von Risiken sein. Zu den Risikomanagementmethoden gehören der Einsatz von Finanzinstrumenten und das Hedging. **Preisänderungsrisiken** betreffen insbesondere Schwankungen von Fremdwährungskursen (Währungsrisiko), Zinssätzen (Zinsrisiko) und Marktpreisen (Marktrisiko), **Ausfallrisiken** das Risiko, dass Vertragspartner ihren Verpflichtungen nicht vertragsgemäß nachkommen und **Liquiditätsrisiken** die Fähigkeit des berichtenden Unternehmens, liquide Mittel termingerecht zur Erfüllung eigener Verpflichtungen zu beschaffen. Risiken aus **Zahlungsstromschwankungen** bestehen in der Möglichkeit der Schwankungen von künftigen Ein- und Auszahlungen.

Über den **Bereich Forschung und Entwicklung** müssen Unternehmen solcher Branchen berichten, in denen entsprechende Aktivitäten üblich sind, wie z. B. in der Pharmabranche. Dabei ist es unerheblich, ob die Forschung und Entwicklung durch das Unternehmen selbst oder durch Dritte im Auftrag des Unternehmens durchgeführt wird. Obwohl es sich hierbei um einen Bereich handelt, der für die künftige Entwicklung der betroffenen Unternehmen entscheidend ist, kann die Berichterstattung auf verbale Angaben beschränkt bleiben, da es sich auf der anderen Seite um sensible Informationen im Hinblick auf Wettbewerber handelt. Die Nennung der gesamten Aufwendungen für diesen Bereich wäre wünschenswert, ist jedoch nicht Pflicht.

Eine Zweigniederlassung ist ein räumlich und organisatorisch von der Hauptniederlassung getrennter Unternehmensbestandteil, der im Gegensatz zur Tochtergesellschaft rechtlich nicht selbständig ist, aber im Geschäftsverkehr selbständig auftritt. Der Umfang der Berichtspflicht über **bestehende Zweigniederlassungen der Gesellschaft** im In- und Ausland wird in der Literatur nicht einheitlich beurteilt. Mindestangaben sind (vgl. ADS 1995, § 289 Tz. 123):

- für jede Zweigniederlassung der Standort,
- Firmierungen, die nicht auf die Zugehörigkeit zur Hauptniederlassung schließen lassen,
- wesentliche Veränderungen im Hinblick auf die Einrichtung, Schließung oder räumliche Verlegung von Niederlassungen.

Zum Teil werden darüber hinaus gehende Informationen zu „wirtschaftlichen Eckdaten" (Grottel in Beck'scher Bilanzkommentar 2014 § 289 Anm. 90), wie z. B. Umsätze und beschäftigte Mitarbeiter, gefordert.

Börsennotierte Aktiengesellschaften sollen im Lagebericht auch auf die **Grundzüge ihres Vergütungssystems** für die Mitglieder des Geschäftsführungsorgans, eines Aufsichtsrats, eines Beirats oder einer ähnlichen Einrichtung eingehen (§ 289 Abs. 2 Nr. 5 HGB).

Der Referentenentwurf zum BilRUG sieht vor, dass die Angaben gem. § 289 Abs. 2 Nr. 2-5 HGB verpflichtend werden und dass Nr. 1 für den Lagebericht entfällt. Vorgänge von besonderer Bedeutung, die nach dem Schluss des Geschäftsjahres aufgetreten sind, müssen dann künftig im Anhang angegeben werden.

AG und KGaA, die einen organisierten Markt im Sinne des § 2 Abs. 7 WpÜG durch von ihnen ausgegebene stimmberechtigte Aktien in Anspruch nehmen, müssen in ihren Lagebericht gem. § 289 Abs. 4 HGB weitere Informationen z. B. zum Eigenkapital und zu Stimmrechten aufnehmen.

Kapitalmarktorientierte Kapitalgesellschaften haben die wesentlichen Merkmale des **internen Kontroll- und des Risikomanagementsystems im Hinblick auf den Rechnungslegungsprozess** zu beschreiben (§ 289 Abs. 5 HGB).

Bestimmte kapitalmarktorientierte Aktiengesellschaften müssen im Lagebericht - oder ersatzweise auf ihrer Internetseite – eine **Erklärung zur Unternehmensführung** abgeben, die u. a. die Erklärung zum Corporäte Governance Kodex gem. § 161 AktG und weitere Angaben zu Unternehmensführungspraktiken und Arbeitsweise von Vorstand und Aufsichtsrat enthalten soll.

Der Lagebericht ist ein wichtiges Instrument zur Darstellung der wirtschaftlichen Lage des Unternehmens. Die Adressaten erhalten Informationen zu den Vorgängen, auf denen die im Jahresabschluss dargestellten Zahlen beruhen, sowie eine Einschätzung der künftigen Entwicklung durch das Management. Die Auswahl und die Darstellung der Informationen durch die Jahresabschlussersteller sind sehr subjektiv. Die Prüfung des Lageberichts gestaltet sich dadurch schwierig, ist aber für die Qualität von großer Bedeutung.

6 Prüfung und Offenlegung

Frage: Was umfasst die Prüfungspflicht?

Gem. § 316 Abs. 1 HGB müssen **der Jahresabschluss und der Lagebericht** von großen und mittelgroßen Kapitalgesellschaften **durch einen Abschlussprüfer geprüft** werden. Die Prüfungspflicht gilt u. a. auch für kleine kapitalmarktorientierte Kapitalgesellschaften (§ 267 Abs. 3 Satz 2 HGB), Unternehmen, die dem PublG unterliegen (§ 6 PublG) und Genossenschaften (§ 53 Abs. 1 GenG). Ohne Prüfung kann der Jahresabschluss eines prüfungspflichtigen Unternehmens nicht festgestellt werden, d. h., er kann keine Rechtswirkung entfalten.

Gegenstand der Prüfung sind gem. § 317 HGB

- der **Jahresabschluss** einschließlich der gesamten **Buchführung**. Es ist zu prüfen, ob der Jahresabschluss den gesetzlichen Vorschriften und gegebenenfalls ergänzenden Vorschriften aus dem Gesellschaftsvertrag oder der Satzung entspricht. Die Prüfung muss so angelegt sein, dass Verstöße, die die Vermittlung eines den tatsächlichen Verhältnissen entsprechenden Bildes der Vermögens-, Finanz- und Ertragslage wesentlich beeinträchtigen, bei einer gewissenhaften Durchführung der Prüfung erkannt werden.
- der **Lagebericht**. Es muss geprüft werden, ob der Lagebericht mit dem Jahresabschluss in Einklang steht und insgesamt eine zutreffende Vorstellung von der Lage des Unternehmens vermittelt und ob die Chancen und Risiken der künftigen Entwicklung zutreffend dargestellt sind. Falls eine Erklärung zur Unternehmensführung gem. § 289 a HGB in den Lagebericht aufgenommen wurde, ist sie nicht in die Prüfung einzubeziehen.
- bei börsennotierten Aktiengesellschaften eine Beurteilung der **Maßnahmen** gem. § 91 Abs. 2 AktG **zur Früherkennung von Entwicklungen, die den Fortbestand des Unternehmens gefährden**, insbesondere die Funktionsfähigkeit des einzurichtenden Überwachungssystems.

Frage: Wie wird ein Prüfer bestellt und durch wen kann die Prüfung durchgeführt werden?

Der **Abschlussprüfer** eines Einzelabschlusses wird gem. § 318 Abs. 1 HGB grundsätzlich von den Gesellschaftern gewählt. Er soll vor Ablauf des Geschäftsjahres, auf das sich die Prüfung bezieht, gewählt werden. Der Prüfungsauftrag muss unverzüglich nach der Wahl erteilt werden. Als Prüfer können gem. § 319 HGB Wirtschaftsprüfer und Wirtschaftsprüfungsgesellschaften beauftragt werden, für die Prüfung mittelgroßer GmbH und mittelgroßer Personengesellschaften gem. § 264a Abs. 1 HGB auch vereidigte Buchprüfer und Buchprüfungsgesellschaften. Im Einzelnen bestehen jedoch Prüfungsverbote, z. B. wenn ein Prüfer Anteile an der zu prüfenden Gesellschaft besitzt oder an der Aufstellung des Jahresabschlusses mitgewirkt hat.

Frage: Wie wird das Ergebnis der Prüfung dokumentiert?

Über das Ergebnis der Prüfung muss der Prüfer gem. § 321 HGB einen **Prüfungsbericht** erstellen. Darin hat er zunächst – sofern die geprüften Unterlagen dies erlauben - zu der **Beurteilung der wirtschaftlichen Lage des Unternehmens** durch die gesetzlichen Vertreter Stel-

lung zu nehmen, insbesondere im Hinblick auf den Fortbestand und die künftige Entwicklung des Unternehmens. Ferner muss er über im Rahmen der Prüfung **festgestellte Unrichtigkeiten, Gesetzesverstöße** und Tatsachen, die den Unternehmensbestand bzw. die Unternehmensentwicklung wesentlich beeinträchtigen können, berichten.
Im **Hauptteil** ist festzustellen, ob die geprüften Unterlagen den gesetzlichen Vorschriften und gegebenenfalls ergänzenden Gesellschaftsvertrags- oder Satzungsbestimmungen entsprechen und ob der Abschluss ein den tatsächlichen Verhältnissen entsprechendes Bild der Vermögens-, Finanz- und Ertragslage vermittelt. In diesem Zusammenhang ist u. a. auch auf die Bewertungsgrundlagen und gegebenenfalls deren Änderung einzugehen und die einzelnen Jahresabschlusspositionen aufzugliedern und zu erläutern.
In **besonderen Abschnitten** sind zum einen Gegenstand, Art und Umfang der Prüfung zu erläutern und zum anderen das Ergebnis einer Prüfung der Früherkennungsmaßnahmen darzustellen.

In einem **Bestätigungsvermerk** fasst der Prüfer das Ergebnis seiner Prüfung zusammen. Gem. § 322 HGB muss der Bestätigungsvermerk folgende Punkte enthalten:

- Beschreibung von Gegenstand, Art und Umfang der Prüfung;
- Beurteilung des Prüfungsergebnisses;
- gegebenenfalls Erklärung, dass die Prüfung zu keinen Einwendungen geführt hat und dass der Jahresabschluss unter Beachtung der GoB ein den tatsächlichen Verhältnissen entsprechendes Bild der Vermögens-, Finanz- und Ertragslage des Unternehmens vermittelt; bei Einschränkungen oder Versagen des Bestätigungsvermerks Begründung und Darstellung der Einschränkungen so, dass deren Tragweite erkennbar wird;
- gegebenenfalls Risiken, die den Fortbestand des Unternehmens gefährden;
- Feststellung, ob der Lagebericht eine zutreffende Vorstellung von der Lage des Unternehmens vermittelt und ob die Risiken der künftigen Entwicklung zutreffend dargestellt sind.

Anders als der Prüfungsbericht, wird der Bestätigungsvermerk im Rahmen der Offenlegung (s. u.) veröffentlicht. Er ist für die externen Bilanzadressaten ein wichtiger Hinweis darauf, ob das Unternehmen die Rechnungslegungsvorschriften befolgt und ob Risiken für den Fortbestand des Unternehmens bestehen. Ein uneingeschränkter Bestätigungsvermerk ist allerdings kein Garant dafür, dass das Unternehmen wirtschaftlich vollständig gesund ist. Darüber hinaus hat auch der Abschlussprüfer nur begrenzte Möglichkeiten, vorsätzlich und in betrügerischer Absicht gefälschte Vorgänge im Rechnungswesen eines Unternehmens aufzudecken.

Frage: Welche Unternehmen sind in welchem Umfang zur Offenlegung verpflichtet?

Für die Unternehmen besteht in Abhängigkeit von ihrer

- Rechtsform,
- Größe,
- Inanspruchnahme öffentlicher Kapitalmärkte und
- Branche (insbes. für Kreditinstitute (§ 340 l HGB) und Versicherungen (§ 341 l HGB); hierauf wird im Folgenden nicht näher eingegangen)

die Pflicht, innerhalb von 12 Monaten nach Ende des Geschäftsjahres ihren Jahresabschluss (oder Teile davon) und den Lagebericht beim Betreiber des elektronischen Bundesanzeigers elektronisch einzureichen. Für kapitalmarktorientierte Kapitalgesellschaften gilt gem. § 325 Abs. 4 HGB grundsätzlich eine Frist von 4 Monaten.

Abb. 6.1 gibt einen Überblick über die Publizitätspflicht im Hinblick auf den Einzelabschluss:

Verpflichtete Unternehmen	**Gegenstand der Publizitätspflicht**	**Vorschriften**
Große und kapitalmarktorientierte (§ 267 Abs. 3 HGB) Kapitalgesellschaften	Jahresabschluss mit Bestätigungsvermerk, Lagebericht, Bericht des Aufsichtsrats, Ergebnisverwendungsvorschlag und –beschluss; bei börsennotierten Gesellschaften: Erklärung zur Einhaltung des Corporate Governance Kodex gem. § 161 AktG	§ 325 HGB
Mittelgroße, nicht kapitalmarktorientierte Kapitalgesellschaften	Verkürzter Jahresabschluss mit Bestätigungsvermerk, Lagebericht, Bericht des Aufsichtsrats, Ergebnisverwendungsvorschlag und –beschluss	§ 325 i. V. m. § 327 HGB
Kleine, nicht kapitalmarktorientierte Kapitalgesellschaften	Bilanz und Anhang (ohne Angaben zur GuV)	§ 325 i. V. m. § 326 Abs. 1 HGB
Kleinstkapitalgesellschaften	Bilanz	§ 325 i. V. m. § 326 Abs. 2 HGB
Unternehmen, die dem PublG unterliegen	Jahresabschluss mit Bestätigungsvermerk, Lagebericht, Ergebnisverwendungsvorschlag und –beschluss (Erleichterungen für Einzelkaufleute und Personenhandelsgesellschaften)	§ 9 Abs. I PublG i. V. m. § 5 PublG und § 325 HGB

Abb. 6.1 Bestimmungen zur Offenlegung des Einzelabschlusses

Zur Erfüllung seiner Offenlegungspflicht kann ein Unternehmen statt eines Jahresabschlusses nach HGB auch einen Jahresabschluss nach IFRS veröffentlichen (§ 325 Abs. 2a HGB).

Durch die Veröffentlichung des Jahresabschlusses können sich Personengruppen Informationen beschaffen, die ein Interesse an der wirtschaftlichen Lage eines Unternehmens haben und keine Möglichkeit haben, auf anderem Wege an entsprechende Unterlagen zu gelangen. Hierzu gehören insbesondere (anonyme) Kapitalgeber von Kapitalgesellschaften und im Falle von Unternehmen, die eine besondere gesamtwirtschaftliche Bedeutung haben, auch allgemein die Öffentlichkeit. Der fehlende Zugang zu unternehmensinternen Informationen wird jedoch aufgrund der Schwächen des Jahresabschlusses – insbesondere die Vergangenheitsorientierung und Verzerrungen aufgrund der unterschiedlichen Ziele – nur eingeschränkt ausgeglichen.

Kapitalgesellschaften, die als Tochterunternehmen in den Konzernabschluss ihres Mutterunternehmens einbezogen werden, sind gem. § 264 Abs. 3 HGB von der Prüfungs- und von der Offenlegungspflicht befreit, wenn

- sämtliche Gesellschafter dem zustimmen und der entsprechende Gesellschafterbeschluss offengelegt wird,
- das Mutterunternehmen Verluste der Kapitalgesellschaft übernimmt und diese Tatsache offengelegt hat,
- die Befreiung im Anhang des im elektronischen Bundesanzeiger veröffentlichten Konzernabschlusses des Mutterunternehmens angegeben wird und
- die Befreiung zusätzlich im elektronischen Bundesanzeiger für das Tochterunternehmen unter Angabe des Mutterunternehmens mitgeteilt worden ist.

Serviceteil

Lösungsskizze zu den Prüfungsaufgaben

Aufgabe 1

a) Grundsatz der Kongruenz
b) Grundsatz der Richtigkeit und der Willkürfreiheit
c) Saldierungsverbot
d) Realisationsprinzip
e) Stichtagsgrundsatz

Aufgabe 2

Position	**Ansatzpflicht**		**Ansatzwahlrecht**		**Ansatzverbot**	**Angabe außerhalb der Bilanz**
	Aktiva	**Passiva**	**Aktiva**	**Passiva**		
Pensionsrückstellungen		X				
Ein für 500 € (netto) erworbener Schreibtisch	X					
Selbst geschaffener Firmenwert					X	
Selbst erstelltes Gebäude auf einem gepachteten Grundstück	X					
Auftragsbestand					X	
Von dem Unternehmen übernommene Bürgschaft						X
Von dem Unternehmen sicherungsübereignete Maschine	X					
Im Voraus gezahlte Versicherungsprämie	X					
Von einem Kunden erhaltene Anzahlungen		X				
Bei einer Bank in Tokio in Yen aufgenommener Kredit		X				
Disagio bei einer Anleiheemission			X			
Rückstellung für eine Großreparatur					X	
Agio bei einer Aktienemission		X				
Kreditlinie					X	
An ein Tochterunternehmen gewährtes Darlehen	X					

Aufgabe 3

1. Abschreibungsplan

Geschäftsjahr	Buchwert zu Beginn des Geschäftsjahres (in €)	Abschreibungsbetrag des Geschäftsjahres (in €)	Buchwert am Ende des Geschäftsjahres (in €)
00	0	75.000	525.000
01	525.000	100.000	425.000
02	425.000	100.000	325.000
03	325.000	100.000	225.000
04	225.000	100.000	125.000
05	125.000	100.000	25.000
06	25.000	25.000	0

2. Der beizulegende Wert am 31.12.02 liegt mit 260.000 € unter dem Buchwert von 325.000 €. Somit liegt eine Wertminderung vor. Da die Wertminderung voraussichtlich von Dauer ist, ist die Maschine gem. § 253 Abs. 3 S. 2 HGB außerplanmäßig um 65.000 € auf den niedrigeren beizulegenden Wert am Bilanzstichtag abzuschreiben. Der Abschreibungsplan ist dahingehend zu ändern, dass der neue Buchwert auf die Restnutzungsdauer der Maschine zu verteilen ist.

Geschäftsjahr	Buchwert zu Beginn des Geschäftsjahres (in €)	Abschreibungsbetrag des Geschäftsjahres (in €)	Buchwert am Ende des Geschäftsjahres (in €)
02	425.000	100.000 + 65.000	260.000
03	260.000	80.000	180.000
04	180.000	80.000	100.000
05	100.000	80.000	20.000
06	20.000	20.000	0

3. Da der beizulegende Wert am 31.12.04 über dem Buchwert von 100.000 € liegt, ist der Grund für die außerplanmäßige Abschreibung in 03 weggefallen, so dass gem. § 253 Abs. 5 HGB zugeschrieben werden muss, jedoch aufgrund des Anschaffungswertprinzips (§ 253 Abs. 1 S. 1 HGB) höchstens bis zu den ursprünglich fortgeführten Anschaffungskosten.

Geschäftsjahr	Buchwert zu Beginn des Geschäftsjahres (in €)	Abschreibungsbetrag des Geschäftsjahres (in €)	Zuschreibung des Geschäftsjahres (in €)	Buchwert am Ende des Geschäftsjahres (in €)
04	180.000	80.000	25.000	125.000
05	125.000	100.000		25.000
06	25.000	25.000		0

Aufgabe 4

1. Voraussichtliche Kosten des Geschäfts: 202.000 € (sämtliche Kosten, ohne Gewinnaufschlag!); voraussichtlicher Ertrag: 198.000 €. Damit besteht ein drohender Verlust aus einem schwebenden Geschäft.
   a) Gem. § 249 Abs. 1 Satz 1 HGB besteht eine Rückstellungspflicht für drohende Verluste aus schwebenden Geschäften.
   b) Die Rückstellung ist mit der Differenz zwischen den voraussichtlichen Kosten und dem voraussichtlichen Ertrag, also mit 4.000 € zu bewerten.
2. Die unfertige Maschine wäre zu bilanzieren und in Höhe des erwarteten Verlustes abzuschreiben.
   Buchungen:
   Unfertige Erzeugnisse
   an Erhöhung des Bestands an unfertigen Erzeugnissen 50.000 €
   Erhöhung des Bestands an unfertigen Erzeugnissen
   an unfertige Erzeugnisse 4.000 €

Aufgabe 5

	Handelsrechtliches Ergebnis (in €)	Steuerrechtliches Ergebnis (in €)
Vorläufiges Ergebnis vor Ertragsteuern	500.000	500.000
Geschäftsvorfall 1.	- 70.000	- 52.500
Geschäftsvorfall 2.	- 50.000	- 20.833,33
Geschäftsvorfall 3.	- 250	-
Ergebnis vor Ertragsteuern	379.750	426.666,67
Steuern vom Einkommen und vom Ertrag	- 128.000	-128.000
Jahresüberschuss	251.750	298.666,67

Zu Geschäftsvorfall 1:
Für das Disagio besteht in der Handelsbilanz gem. § 250 Abs. 3 HGB ein Aktivierungswahlrecht, in der Steuerbilanz eine Aktivierungspflicht. Zur Erzielung eines möglichst geringen Ergebnisses in der Handelsbilanz wird das Disagio nicht aktiviert, so dass ein Aufwand von 20.000 € zu berücksichtigen ist. In der Steuerbilanz wird das Disagio über die Laufzeit linear

abgeschrieben, also im Geschäftsjahr 00 bereits mit 2.500 €. In beiden Abschlüssen ist der Zinsaufwand für ein Jahr in Höhe von 50.000 € zu erfassen.

Zu Geschäftsvorfall 2:
Zur Erzielung eines möglichst geringen Ergebnisses wird die Maschine in der Handelsbilanz geometrisch-degressiv abgeschrieben. Für die Steuerbilanz ist die Anwendung der degressiven Abschreibung nicht mehr zulässig, daher wird zur Ermittlung des zu versteuernden Einkommens linear abgeschrieben.

Zu Geschäftsvorfall 3:
Es droht ein Verlust aus einem schwebenden Geschäft, für den in der Handelsbilanz eine Rückstellung zu bilden ist. Steuerrechtlich ist die Bildung von Drohverlustrückstellungen nicht zulässig.

Zu den Steuern vom Einkommen und Ertrag:
Sämtliche Differenzen zwischen Handels- und Steuerbilanz sind zeitliche Differenzen. Per Saldo ergeben sich aktive latente Steuern in Höhe von (427.166,67 € – 379.750 €) * 30 % = 14.225 €. Um jedoch ein möglichst geringes Ergebnis auszuweisen, wird von dem Wahlrecht gem. § 274 Abs. 1 HGB Gebrauch gemacht und die latenten Steuern werden nicht angesetzt.

Aufgabe 6

I. Gezeichnetes Kapital	(100.000.000 + 20.000.000 =) **120.000.000 €**
II. Kapitalrücklage	50.000.000 €
III. Gewinnrücklagen	
1. Rücklage für Anteile an einem herrschenden oder mehrheitlich beteiligten Unternehmen	(55.000 + 25.000 =) **80.000 €**
2. Andere Gewinnrücklagen	(700.000.000 – 20.000.000 – 30.000 =) **679.970.000 €**
IV. Bilanzgewinn	**200.000 €**

Zu Angabe 3:

Jahresüberschuss	220.000 €
- Verlustvortrag aus dem Vorjahr	- 40.000 €
+ Auflösung anderer Gewinnrücklagen	+ 30.000 €
- Einstellung in die Rücklage für Anteile an einem herrschenden oder mehrheitlich beteiligten Unternehmen	- 10.000 €
= Bilanzgewinn	200.000 €

Aufgabe 7

GuV der Bäckerglück GmbH vom 1.1. – 31.12.01 (in T€)

1.	Umsatzerlöse	335,0
2.	Erhöhung des Bestands an fertigen Erzeugnissen	0,1
4.	Sonstige betriebliche Erträge	1,0
5.	Materialaufwand	
	a) Aufwendungen für Roh-, Hilfs- und Betriebsstoffe	- 74,8
6.	Personalaufwand	
	a) Löhne und Gehälter	-180,0
	b) soziale Abgaben und Aufwendungen für Altersversorgung und für Unterstützung	-30,0
7.	Abschreibungen	
	a) auf Sachanlagen	-12,0
13.	Zinsen und ähnliche Aufwendungen	-2,0
14.	Ergebnis der gewöhnlichen Geschäftstätigkeit	37,3
18.	Steuern vom Einkommen und vom Ertrag	-11,0
20.	Jahresüberschuss	26,3

Aufgabe 8

GuV vom 1.1. – 31.12.01 (in T€)

Umsatzerlöse	8.500
Herstellungskosten der zur Erzielung der Umsatzerlöse erbrachten Leistungen	- 4.460
Bruttoergebnis vom Umsatz	4.040
Vertriebskosten	- 380
Allgemeine Verwaltungskosten	- 860
Sonstige betriebliche Erträge	200
Sonstige betriebliche Aufwendungen	- 500
Zinsen und ähnliche Aufwendungen	- 500
Ergebnis der gewöhnlichen Geschäftstätigkeit	2.000
Steuern vom Einkommen und vom Ertrag	- 500
Jahresüberschuss	1.500

Literatur- und Quellenverzeichnis

ADS 1995: Adler, Hans; Düring, Walther; Schmaltz, Kurt: Rechnungslegung und Prüfung der Unternehmen, 6. Aufl., bearbeitet von Karl-Heinz Forster, Reinhard Goerdeler, Josef Lanfermann, Hans-Peter Müller, Günter Siepe und Klaus Stollberg, Stuttgart 1995.

Arbeitskreis „Externe Unternehmensrechnung" 1996: Arbeitskreis „Externe Unternehmensrechnung" der Schmalenbach-Gesellschaft: Empfehlung zur Vereinheitlichung von Kennzahlen in Geschäftsberichten, in: Der Betrieb 1996, S. 1989 ff.

Arbeitskreis „Immaterielle Werte im Rechnungswesen" 2008: Arbeitskreis „Immaterielle Werte im Rechnungswesen" der Schmalenbach-Gesellschaft für Betriebswirtschaft e.V.: Leitlinien zur Bilanzierung selbstgeschaffener immaterieller Vermögensgegenstände des Anlagevermögens nach dem Regierungsentwurf des BilMoG, in: Der Betrieb 2008, S. 1813 ff.

Baetge / Kirsch / Thiele 2012: Baetge, Jörg; Kirsch, Hans-Jürgen; Thiele, Stefan: Bilanzen, 12. Auflage, Düsseldorf 2012.

Beck'scher Bilanzkommentar 2014: Förschle, Gerhart; Grottel, Bernd; Schmidt, Stefan; Schubert Wolfgang J.; Winkeljohann, Norbert (Hrsg.): Beck'scher Bilanzkommentar: Handels- und Steuerbilanz, 9. Auflage, München 2014.

BMF 1971: Schreiben des Bundesministeriums für Finanzen BMF IV B 2 vom 19.4.1971, BStBl. I 1971, S. 264–266.

BMF 1972: Schreiben des Bundesministeriums für Finanzen BMF IV B 2 vom 21.3.1972, BStBl. I 1972, S. 188.

BMF 1975: Schreiben des Bundesministeriums für Finanzen BMF IV B 2 vom 22.12.1975, in: Der Betrieb 1976, S. 172–174.

BMF 1991: Schreiben des Bundesministeriums für Finanzen BMF IV B 2 vom 23.12.1911, BStBl. I 1992, S. 13.

BMJV 2014: Entwurf eines Gesetzes zur Umsetzung der Richtlinie 2013/34/EU des Europäischen Parlaments und des Rates vom 26. Juni 2013 über den Jahresabschluss, den konsolidierten Abschluss und damit verbundene Berichte von Unternehmen bestimmter Rechtsformen und zur Änderung der Richtlinie 2006/43/EG des Europäischen Parlaments und des Rates und zur Aufhebung der Richtlinien 78/660/EWG und 83/349/EWG des Rates (Bilanzrichtlinie-Umsetzungsgesetz - BilRUG)

Busse von Colbe 2011: Busse von Colbe, Walther: Rechnungswesen, in: Busse von Colbe, Walther; Crasselt, Nils; Pellens, Bernhard (Hrsg.), Lexikon des Rechnungswesens, 5. Auflage, München 2011, S. 652-656.

Coenenberg / Haller / Schultze 2014: Coenenberg, Adolf G.; Haller, Axel; Schultze, Wolfgang: Jahresabschluss und Jahresabschlussanalyse, 23. Auflage, Stuttgart 2014.

DRSC 2014: Umsetzung der Richtlinie 2013/34/EU: Empfehlungen an das Bundesministerium der Justiz und für Verbraucherschutz vom 11.02.2014

Falterbaum / Bolk / Reiß / Kirchner 2010: Falterbaum, Hermann; Bolk, Wolfgang; Reiß, Wolfram; Kirchner, Thomas: Buchführung und Bilanz, 21. Auflage, Achim 2010.

Federmann 2010: Federmann, Rudolf: Bilanzierung nach Handels- und Steuerrecht, 12. Auflage, Berlin 2010.

Gesetzentwurf BilMoG 2008: Gesetzentwurf der Bundesregierung – Entwurf eines Gesetzes zur Modernisierung des Bilanzrechts, BT-Drucksache 16/10067 vom 30.07.2008

IDW 1998: IDW Rechnungslegungsstandard: Aufstellung des Lageberichts (IDW RS HFA 1), 1998.

Kirsch 2008: Kirsch, Hanno: Neuinterpretation der Grundsätze ordnungsmäßiger Buchführung durch das Bilanzrechtsmodernisierungsgesetz, in: StuB 2008, S. 453–459.

Leffson 1987: Leffson, Ulrich: Die Grundsätze ordnungsmäßiger Buchführung, 7. Auflage, Düsseldorf 1987.

Schildbach / Stobbe / Brösel 2013: Schildbach, Thomas; Stobbe, Thomas; Brösel, Gerrit: Der handelsrechtliche Jahresabschluss, 10. Auflage, Sternenfels 2013.

Theile 2008: Theile, Carsten: Bilanzrechtsmodernisierungsgesetz, Herne, Berlin 2008.

Winnefeld 2006: Winnefeld, Robert: Bilanzhandbuch, 4. Auflage, München 2006.

Index